診療放射線技術選書

放射線物理学

改訂 4 版

九州大学医療技術短期大学部教授　上 原 周 三 著

南 山 堂

第4版の序

　本書は初版から3版まで竹井力氏の執筆により，30年間にわたり発行されてきたが，このたび内容を全面的に再検討し，著者も交代して版を改めて発行することになった．

　診療放射線技師教育において，「放射線物理学」は専門分野履修の前提となるだけでなく，同じ専門基礎分野の「放射線計測学」，「放射化学」，「放射線生物学」などの基礎をなすものであり，その教育内容には放射線の種類と線源，その量および単位，放射線と物質との相互作用，放射線核種とその壊変，など共通する項目が多い．こういった基礎的事項は「放射線物理学」において，系統的に確実に修得させることが望ましいと考えられる．このことを念頭において，できるだけ基本的な事項に絞って執筆した．

　章の構成はごく標準的で多くの類書と同様であるが，第7章〜第10章の放射線と物質との相互作用には重点を置き，かなりのページ数を割いた．とくに第10章では，モンテカルロシミュレーションによる最近の進歩を付け加えた．微視的飛跡構造は，放射線の生物作用を分子レベルで解明する上で重要な役割を果たしている．このような計算機実験は，診療放射線の分野においても有力な実験方法として今後ますます普及していくことが予想されるので，将来の参考にしていただきたい．著者の浅学のため不備な点も多いかと思われるが，本書が診療放射線技師の教育に少しでも役立てば幸いである．

　今回の改訂にあたり，第12章 加速器については旧版の内容を参考にさせていただいたことに謝辞を表します．また，本書の出版に当たって御尽力いただいた南山堂編集部に謝意を表します．

　2002年1月

　　　　　　　　　　　　　　　　　　　　　上　原　周　三

第1版の序

　著者は，過去6年間にわたり，九州大学診療放射線技師学校において，「放射線物理学」の講義を担当してきた．その間，コバルト60，ベータトロン，ライナックなどの高エネルギー装置や放射性同位元素が広く使用されるようになり，その講義の内容も少しずつ変わってきた

　放射線技師の教育はどの程度やれば十分であるかは大変むずかしく，放射線物理の教育に携わっている著者にもはっきりしない．この本には数式が多くでてくるので，難解であるとの批評もあるであろう．数式は物理現象を理解する上で最良の師であると思うからである．

　ここでは，新しい内容も含めたつもりであるが，必要な事柄を落としているかもしれない．不備な点は今後少しずつでも改めてゆきたい．

　本書の出版にあたり，御尽力をいただいた南山堂の方々に謝意を表します．

1971年4月

竹　井　　　力

目　　次

第1章　予備的事項 …………… 1

A．電子ボルト ……………… 2
B．特殊相対性理論 ………… 2
C．電　磁　波 ……………… 5
D．Planckの量子仮説 …… 8
E．光　　子 ………………… 10
F．Rutherford散乱の断面積
　　…………………………… 11

第2章　放射線に関する基礎知識 ……………… 15

A．放射線の定義と種類 …… 16
B．放射線に関する量と単位
　　…………………………… 18
　1．放射線の物理量と単位 … 18
　　a．放射線場に関係した量
　　…………………………… 18
　　b．相互作用に関係した量
　　…………………………… 19
　　c．線量に関係した量 …… 21
　　d．放射能に関係した量 … 24
　2．放射線防護に関する量 … 25

第3章　原　　子 …………… 27

A．物質の原子的性質 ……… 28
　1．Daltonの原子論 ……… 28
　2．水素原子のスペクトル … 29
　3．陰極線 ………………… 29
B．Rutherfordの原子模型 … 30
C．Bohrの量子論 ………… 31
D．量子力学 ………………… 33
　1．電子の波動性 ………… 33
　2．不確定性原理 ………… 34
　3．Schrödinger方程式 …… 35
　4．波動関数の意味 ……… 37
E．原子構造 ………………… 37
　1．電子軌道 ……………… 37
　2．Pauliの排他律 ………… 39

第4章　原子核 … 41

A．原子核の構成粒子 … 42
B．原子核の結合エネルギー
　　　　　　　　　　… 42
C．原子核のモデル … 44
　1．液滴模型 … 44
　2．殻模型 … 45
　3．集団模型 … 47
　4．核磁気共鳴 … 47
D．原子核反応 … 50
　1．核反応の性質 … 50
　2．核反応の断面積 … 50
　3．核反応の閾値 … 51
E．核分裂反応 … 53
F．核融合反応 … 55

第5章　放射能 … 57

A．放射性壊変の種類 … 58
　1．α 壊変 … 58
　2．β^- 壊変 … 60
　3．γ 線放射 … 62
　4．内部転換 … 63
　5．軌道電子捕獲 … 64
　6．β^+ 壊変 … 65
B．放射性壊変の諸公式 … 66
　1．減衰法則 … 66
　2．比放射能 … 68
　3．壊変公式 … 68
　　a．永続平衡 … 69
　　b．一般式 … 69
　　c．過渡平衡 … 71
　　d．非平衡 … 71
C．自然放射能 … 72

第6章　X線 … 75

A．X線の発生 … 76
B．連続X線 … 78
　1．エネルギースペクトル … 78
　2．制動放射の理論 … 79
C．特性X線 … 81
D．Auger電子 … 83
E．シンクロトロン放射 … 85
F．結晶による反射 … 87

第7章　光子（X線・γ 線）と物質との相互作用 … 89

A．相互作用の種類 … 90
　1．Thomson散乱 … 90
　2．光電効果 … 92
　3．Compton散乱 … 96
　4．電子対生成 … 100
　5．光核反応 … 102
B．減弱係数 … 104
C．X線の半価層 … 106
D．エネルギー転移係数・エネルギー吸収係数
　　　　　　　　　　… 107

第8章 電子と物質との相互作用 …………………111

A．荷電粒子のエネルギー
　　損失過程 ……………112
　1．阻止能の定義 …………112
　2．Bohrの阻止能理論 …115
B．衝突阻止能 ……………117

C．放射阻止能 ……………120
D．飛　　程………………122
E．多重散乱 ………………123
F．Cerenkov放射 ………126

第9章 重荷電粒子と物質との相互作用 ………………129

A．衝突阻止能 ……………130
B．核阻止能………………132
C．飛　　程………………134

D．エネルギー損失・飛程
　　のゆらぎ ……………136

第10章 δ線・制限阻止能・LET ………………139

A．δ　　線………………140
B．制限阻止能 ……………141
C．LET ……………………143
D．モンテカルロ シミュレー
　　ションの基礎 …………145
　1．反応点のサンプリング
　　………………………146

　　1）自由行程 ……………146
　　2）圧縮履歴法 …………148
　2．電子過程 ………………151
　3．角度の変換 ……………152
　4．境界との交点 …………153

第11章 中 性 子 ………………155

A．中性子源………………156
B．中性子の分類 …………157
C．物質との相互作用 ……158
D．弾性散乱………………160

E．反跳陽子のエネルギー
　　スペクトル ……………161
F．中性子による放射化 …163

第12章 加 速 器 ………………165

A．Cockcroft-Walton型
　　加速器…………………166

B．Van de Graaff型加速器
　　…………………………167
C．ライナック ……………168

1．陽子ライナック ……168
2．電子ライナック ……169
D．サイクロトロン ……171
E．シンクロトロン ……173
F．ベータトロン ……174
G．マイクロトロン ……175

付　録 ……179

1．制動放射についての Koch-Motz 断面積公式 …………179
2．電子-電子非弾性散乱（Møller 散乱）断面積公式 …………180
3．陽電子-電子非弾性散乱（Bhabha 散乱）断面積公式 …………181
4．インフライト陽電子消滅断面積公式 ……182
5．陽子衝撃による二次電子放出の微分断面積公式 ……182

付　表 ……185

1．おもな基本定数 ……185
2．原子量，密度の表 ……186
3．原子の基底状態の電子配置 ……189
4．吸収端と特性 X 線 …191
5．いろいろな核種の存在比，質量偏差，壊変形式，半減期 ……192
6．元素の周期表（長周期型）……194
7．ギリシャ文字 ……195
8．10 の整数乗の記号 …196

参考文献 ………… 197

日本語索引 ……199

外国語索引 ……205

1. 予備的事項

Summary

1. 放射線のエネルギーは，一般に電子ボルト（eV）単位で表わす．
2. 相対性理論によって，時間・空間・質量の概念が変更を受ける．その結果，力学的量であるエネルギーや運動量も相対論的に表わされる．
3. Maxwell の電磁方程式より，電磁波が導かれる．X 線や γ 線も電磁波の一種であるが，同時に粒子としての性質ももっており，これらを光子という．
4. 振動数 ν の光子のエネルギーは $h\nu$，運動量は $h\nu/c$ である．
5. 反応の起こる確率を断面積で表わす．角度分布あるいはエネルギースペクトルを表わすのに微分断面積を用いる．

＊本文中の色文字は診療放射線技師国家試験によく出題される重要な用語である．

A. 電子ボルト

電荷 q が，それと同符号の電極から電位差 V の他の電極まで動くとき，電場が電荷になす仕事 W は，

$$W = qV \tag{1.1}$$

となり，両電極間の距離には無関係である．電荷は (1.1) に相当する運動エネルギーを得る．自然界の電気量は無限に分割されうるものではなく，最小の単位，すなわち電気素量が存在する．電子 (e^-) は負の電気素量 $-e$ を持ったもので，

$$e = 1.602177 \times 10^{-19} \, \text{C} \tag{1.2}$$

である．その静止質量 m_e は，

$$m_e = 9.10939 \times 10^{-31} \, \text{kg} \tag{1.3}$$

である．電子が 1 V の電位差間を動いて得る運動エネルギーを 1 電子ボルト (electron volt，記号 eV) と定義する．式 (1.1) から次のようになる．

$$1 \, \text{eV} = 1.602177 \times 10^{-19} \, \text{J} \tag{1.4}$$

B. 特殊相対性理論

1905 年に Einstein (アインシュタイン) は特殊相対性理論を発表した．それは次の 2 つの基本原理に基づいて理論が組み立てられている．
 (1) 物理学の基本法則はあらゆる慣性系について同等である (相対性原理)．
 (2) 光が真空中を伝わる速さは光源の速さに関係なく，あらゆる慣性系で同一の値を持つ (光速度一定の原理)．

光速度一定の原理を認めると，今までの時間・空間の概念に重要な変更をしなければならないことになる．たとえば，超音速 v で飛行しているジェット機からその進行方向に向けて光 (光速 c) を発すると，今までの通念によると光の速さは $c+v$ になる．しかし，光速度一定の原理からはやはり c という速さのままである．そこで，この原理が成り立つためには，座標系の固有時間を考慮した新しい変換が必要になる．

図 1-1 のように，地上に固定した座標系を S，列車上に固定した座標系を S′

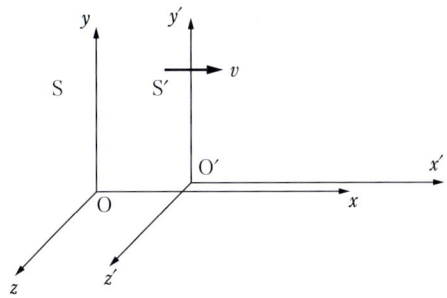

図 1-1. 2つの座標系間の関係

とし，列車は x 軸の正方向に一定速度 v で動いており，S と S′ の原点は $t=0$ で一致していたとする．

新しい変換式として，
$$x' = \gamma(x - vt), \quad y' = y, \quad z' = z \tag{1.5}$$
と置き換える．γ は未定の係数である．これを逆に S からみると，座標系の変換式は，
$$x = \gamma(x' + vt'), \quad y = y', \quad z = z' \tag{1.6}$$
と書ける．両座標系において，光速 c は等しいから，
$$c = \frac{x}{t} = \frac{x'}{t'} \tag{1.7}$$
となる．(1.7) を (1.5) と (1.6) に代入すると，
$$ct' = \gamma(c-v)t, \quad ct = \gamma(c+v)t' \tag{1.8}$$
となるから，両式より t, t' を消去すると，
$$\gamma = \frac{1}{\sqrt{1 - v^2/c^2}} \tag{1.9}$$
を得る．これを Lorentz 係数という．また，
$$t' = \gamma\left(t - \frac{v}{c^2}x\right) \tag{1.10}$$
となる．まとめて書くと，
$$x' = \gamma(x - vt), \quad y' = y, \quad z' = z, \quad t' = \gamma\left(t - \frac{v}{c^2}x\right) \tag{1.11}$$

となる．これをLorentz変換という．相対速度 v が光速 c にくらべて小さいときには $\gamma \sim 1$ となるので，Lorentz変換はGalilei変換と一致し，また $t=t'$ となる．

このような時間・空間の概念の修正に関連して，質量も見直しが必要になる．Einsteinは，物体の質量 m はその運動によって変化すると考えた．すなわち，静止している物体の質量を m_0（静止質量という），速度 v で走っているときの物体の質量を m とすれば，

$$m = \frac{m_0}{\sqrt{1-v^2/c^2}} \tag{1.12}$$

となることを示した．また，物体の持つエネルギー E とその質量との間に，

$$E = \frac{m_0 c^2}{\sqrt{1-v^2/c^2}} = mc^2 \tag{1.13}$$

の関係が成り立つことを示した．$E=mc^2$ は物体の質量 m とエネルギー E とが等価であることを示している．$v=0$ のとき，つまり静止しているとき $E=m_0 c^2$ となり，これを静止エネルギーという．

次に，Newtonの運動方程式について考えると，$F=m(dv/dt)$ は成立せず，

$$F = \frac{d}{dt}(mv) = \frac{d}{dt}\left(\frac{m_0 v}{\sqrt{1-v^2/c^2}}\right) \tag{1.14}$$

となる．したがって運動量 p も修正され，

$$p = mv = \frac{m_0 v}{\sqrt{1-v^2/c^2}} \tag{1.15}$$

となる．

(1.13) と (1.15) を組み合わせると，

$$E^2 = m_0^2 c^4 + p^2 c^2 \tag{1.16}$$

となる．

光子の静止質量 m_0 は 0 であるから，(1.16) において，$m_0=0$ とおくと

$$E = pc \tag{1.17}$$

となる．ところで，(1.12)からもわかるように，$m_0=0$ のとき $v=c$ であれば，m は発散せず有限の値になる．これは静止質量が 0 の粒子は常に光速で走っていることを意味する．また，静止質量が 0 でも運動量は 0 にならず (1.17) で与えられる値をもっている．

C. 電磁波

　Maxwell の電磁方程式は電場と磁場についての Gauss の法則，電磁誘導についての Faraday の法則，電流と磁場の関係を与える Ampere-Maxwell の法則をまとめたもので，4つの式から成り立っている．積分形で書けば，

$$\int_S D_n \mathrm{d}S = Q \tag{1.18}$$

$$\int_S B_n \mathrm{d}S = 0 \tag{1.19}$$

$$\oint_C E_t \mathrm{d}l = -\int_S \frac{\partial B_n}{\partial t} \mathrm{d}S \tag{1.20}$$

$$\oint_C H_t \mathrm{d}l = \int_S \left(\frac{\partial D_n}{\partial t} + i_n \right) \mathrm{d}S \tag{1.21}$$

である．これらは微分形でも表わせる．

$$\mathrm{div} \boldsymbol{D} = \rho \tag{1.22}$$

$$\mathrm{div} \boldsymbol{B} = 0 \tag{1.23}$$

$$\mathrm{rot} \boldsymbol{E} = -\frac{\partial \boldsymbol{B}}{\partial t} \tag{1.24}$$

$$\mathrm{rot} \boldsymbol{H} = \boldsymbol{i} + \frac{\partial \boldsymbol{D}}{\partial t} \tag{1.25}$$

物質の存在するところでは，さらに次の関係が成り立つ．電場 E と電束密度 D，磁場 H と磁束密度 B の間に，

$$D = \varepsilon E, \quad B = \mu H \quad (物質中) \tag{1.26}$$

$$D = \varepsilon_0 E, \quad B = \mu_0 H \quad (真空中) \tag{1.27}$$

$$\boldsymbol{i} = \sigma \boldsymbol{E} \tag{1.28}$$

なる関係がある．これらを物質に関する補助方程式とよぶ．

　(1.20)，(1.21) あるいは (1.24)，(1.25) によって，空間に磁場の変化があれば電場を生じ，また逆に電場の変化があれば磁場を生じることがわかる．このように電場および磁場の変化は相互に伴って起こる．電荷や電流が変化した場合に，まわりの空間に生じた電磁場は瞬間的に全部変化することはできない．

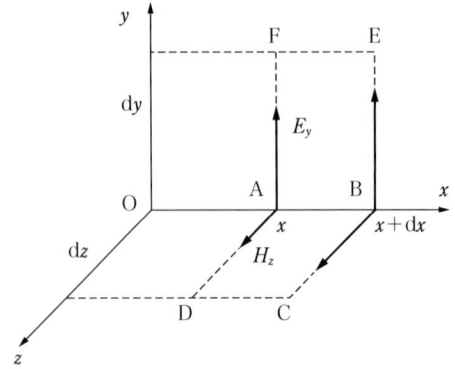

図 1-2. 線積分，面積分の説明図

電流の近くではすぐ変化するけれども，遠方になるほどその変化が遅れるであろう．つまり電磁場の変化がある有限の速さをもって伝わることを意味する．これが電磁波である．

空間に波の進行方向に垂直な平行平面群を考えたとき，その1つの平面上では波の強さや方向が変化しないものを平面波という．いま真空中にあって電荷も電流も存在しない場合について，平面波が存在することを確かめる．真空の誘電率，透磁率をそれぞれ ε_0, μ_0 とする．この場合 Maxwell 方程式は，

$$\oint_C E_l dl = -\mu_0 \int_S \frac{\partial H_n}{\partial t} dS, \quad \oint_C H_l dl = \varepsilon_0 \int_S \frac{\partial E_n}{\partial t} dS \tag{1.29}$$

となる．電場も磁場も位置に関しては x のみの関数とし，電場は y 成分だけ，磁場は z 成分だけを持つと仮定する．図 1-2 において，xz 平面内に微小長さ dx と dz を2辺とする微小面積 ABCD に着目する．ABCD を閉曲線と考えて (1.29) の第2式を適用すると，左辺，右辺はそれぞれ，

$$\oint_C H_l dl = \int_A^D H_l dl + \int_D^C H_l dl + \int_C^B H_l dl + \int_B^A H_l dl$$

$$= H_z dz + 0 - \left(H_z + \frac{\partial H_z}{\partial x} dx\right) dz + 0 = -\frac{\partial H_z}{\partial x} dx dz \tag{1.30}$$

$$\varepsilon_0 \int_S \frac{\partial E_n}{\partial t} dS = \varepsilon_0 \frac{\partial E_y}{\partial t} dx dz \tag{1.31}$$

となる．両式より，

を得る．次に xy 平面内に微小長さ dx と dy を2辺とする微小面積 ABEF を考え，(1.29) の第1式を適用する．xz 平面と同様の計算をすると，

$$\varepsilon_0 \frac{\partial E_y}{\partial t} = -\frac{\partial H_z}{\partial x} \tag{1.32}$$

$$\mu_0 \frac{\partial H_z}{\partial t} = -\frac{\partial E_y}{\partial x} \tag{1.33}$$

を得る．(1.32) を t で微分した式に (1.33) を代入すると，

$$\varepsilon_0 \frac{\partial^2 E_y}{\partial t^2} = -\frac{\partial^2 H_z}{\partial x \partial t} = -\frac{\partial}{\partial x}\left(\frac{\partial H_z}{\partial t}\right) = \frac{1}{\mu_0}\frac{\partial^2 E_y}{\partial x^2} \tag{1.34}$$

となる．同様にして (1.33) を t で微分した式に (1.32) を代入すると H_z について (1.34) と同様の式が得られる．これらをまとめると，

$$\frac{\partial^2 E_y}{\partial t^2} = \frac{1}{\varepsilon_0 \mu_0}\frac{\partial^2 E_y}{\partial x^2}, \quad \frac{\partial^2 H_z}{\partial t^2} = \frac{1}{\varepsilon_0 \mu_0}\frac{\partial^2 H_z}{\partial x^2} \tag{1.35}$$

が成り立つ．これらは波動方程式であり，伝播速度 v は，

$$v = \frac{1}{\sqrt{\varepsilon_0 \mu_0}} \tag{1.36}$$

で与えられる．これを c とおくと，

$$c = 2.998 \times 10^8 \text{ m/s} \tag{1.37}$$

となり，光速と一致する．したがって，電場と磁場はたがいに誘導し合いながら，光速 c で伝わる波動であり，両者はたがいに直角方向に振動しながら四方へ伝わっていく．これを電磁波という．伝播の様子を図1-3 に示す．電磁波はその発生方法などによっていくつかに分類される．図1-4 は電磁波の名称および波長と振動数を示す．

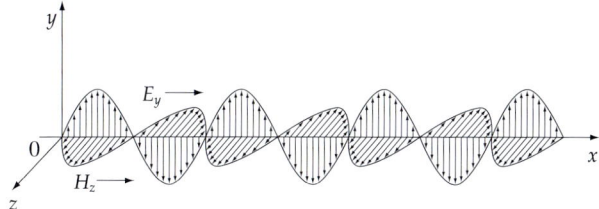

図 1-3．x 方向に進む電磁波[11]

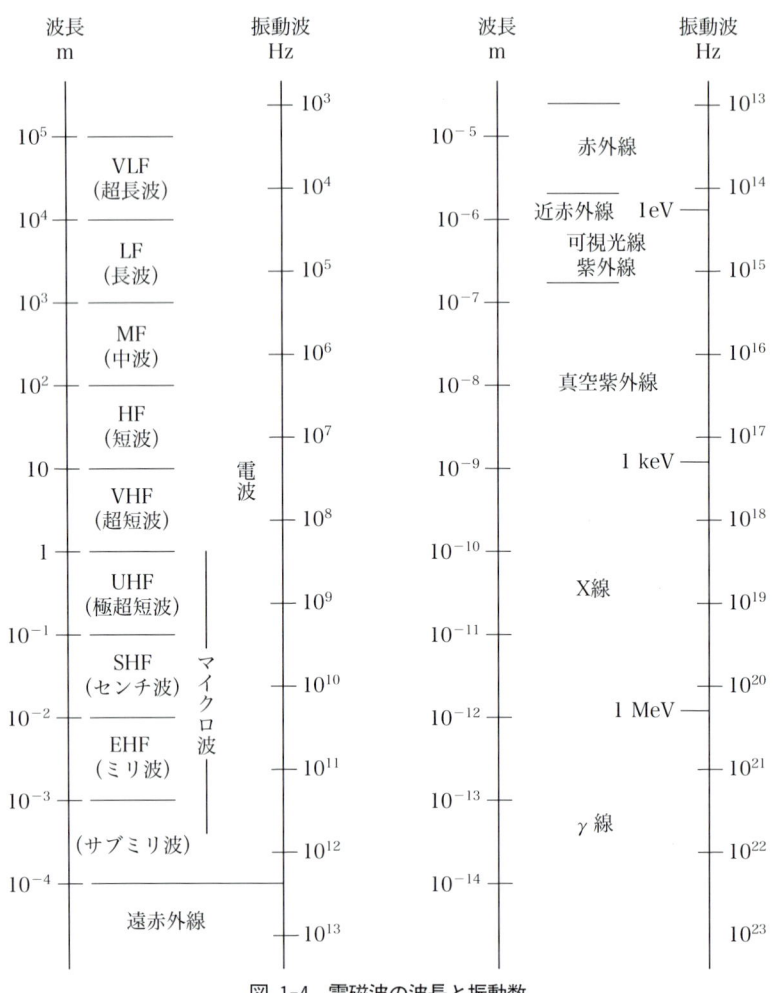

図 1-4. 電磁波の波長と振動数

D. Planck の量子仮説

　鉄を熱すると赤く光るようになり，さらに高温に熱すると白く光ったりする。このように，物体の表面から光（一般的には電磁波）が放出される現象を<u>熱放</u>

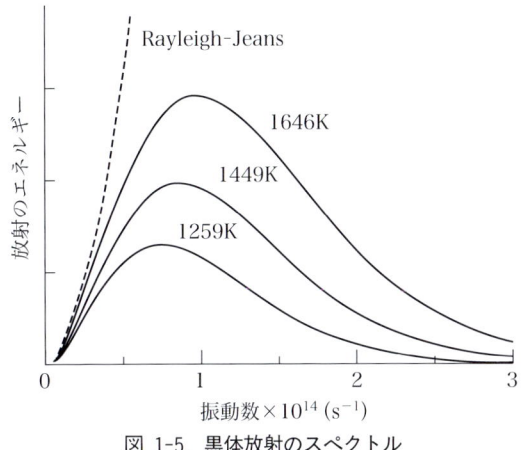

図 1-5. 黒体放射のスペクトル

射という．物体の表面に電磁波が当たったとき，表面は電磁波の一部を反射し，一部を吸収する．全然反射をせず，電磁波をすべて吸収してしまうものを黒体という．電磁波を通さない空洞をつくって小さい孔をあけ，それを外部から見ると，孔に当たった電磁波は反射されずすべて空洞の中に吸収される．熱放射する物体が，どんな振動数の光をどんな割合で放出するか，黒体の場合には図 1-5 に示したようになる．このような黒体の熱放射を黒体放射という．このエネルギー分布は，空洞をつくっている物質の種類によらず，その温度だけに関係して変化する．黒体放射のエネルギーのスペクトル分布を理論的に説明しようとする試みが，多くの学者によってなされた．

　Stefan と Boltzmann は黒体の単位面積が単位時間に放出する全エネルギー E は，絶対温度 T の 4 乗に比例することを提唱した．(Stefan-Boltzmann の法則)．また，Wien はスペクトル分布が極大になる波長 λ_m と T との間に $\lambda_m T = $ 一定の関係があることを見いだした．これを Wien の変位則という．しかし，この法則は振動数の小さい領域では実験結果からはずれることがわかった．Rayleigh と Jeans は，体積 V の空洞中にある電磁波が温度 T で熱平衡にあるとき，空洞内の電磁波は単振動の集合と同等であることを示して，1 つの単振動は kT の熱エネルギーをもつとした．振動数が ν と $\nu + d\nu$ の範囲内にある，空洞内の電磁波の全エネルギー $E(\nu)d\nu$ は，

$$E(\nu)\,d\nu = \frac{8\pi kTV}{c^3}\,\nu^2 d\nu \tag{1.38}$$

となることを示した．ただし $k =$ Boltzmann 定数，$c =$ 光速である．これを Rayleigh-Jeans の式という．この式は振動数が小さい領域では実験結果と一致するが，大きい領域ではまったくはずれてしまうことがわかった．これは古典物理学の崩壊を意味した．

この困難を解決するために導入されたのが，Planck の量子仮説である．すなわち，Planck は 1900 年，物体が振動数 ν の光を吸収したり放出するとき，やりとりされるエネルギーは常に $h\nu$ の整数倍である，という仮説を提唱した．このエネルギーの一塊りをエネルギー量子という．ここで，h は，

$$h = 6.626 \times 10^{-34}\,\text{Js} \tag{1.39}$$

で，これを Planck 定数という．Planck 定数は，ミクロの世界の自然法則に現われるきわめて重要な物理定数である．Planck はこの量子仮説を用いて，黒体放射のエネルギースペクトル分布を表わす次式を導いた．

$$E(\nu)\,d\nu = \frac{8\pi V}{c^3} \frac{h\nu^3}{e^{h\nu/kT} - 1}\,d\nu \tag{1.40}$$

これを Planck の放射式といい，実験結果と完全に一致することがわかった．

E. 光 子

Einstein は光電効果を説明するために，Planck のエネルギー量子の考えを用い，光量子説をつくった．すなわち振動数 ν，波長 λ の光はエネルギーと運動量がそれぞれ，

$$E = h\nu,\quad p = h/\lambda = h\nu/c \tag{1.41}$$

なる粒子とみることができる，というのである．この粒子を光量子または光子 (photon) という．光量子説は，1923 年 Compton によって発見された Compton 効果の説明に成功して完全に認められた．他方，光の干渉や回折を説明するには，どうしても電磁波としての光を捨てることはできない．したがって光の性質には波動性も現われ，粒子性も現われる，という二重性を認めなければならない．この両方の性質をともに書き表わすような統一的理論は，量子力学によって完成された．

(1.41) より，光子のエネルギー E [keV] と波長 λ [nm] の間には，

$$\lambda = \frac{ch}{E} = \frac{1.240}{E} \tag{1.42}$$

なる関係がある．

F. Rutherford 散乱の断面積

Rutherford は，正電荷をもった原子核による α 粒子の散乱を，古典力学によって計算した．この計算は，原子や分子あるいは素粒子が衝突する場合に起こる散乱の典型的な例であり，また相互作用断面積の概念を理解する上できわめて有用である．

まず，断面積の概念を説明する．入射粒子の流れの強さを I とする．これは流れに垂直な単位面積を単位時間に通過する粒子の数を与える．入射粒子はターゲットとの衝突によって，運動方向を変えられる．このとき粒子は散乱されたという．この場合，ある方向へ散乱される確率を微分断面積 $d\sigma/d\Omega$ で表わす．

$$\frac{d\sigma}{d\Omega} = \frac{(単位時間ごとに立体角\ d\Omega\ の中に散乱される粒子の数)}{(入射する粒子の流れの強さ)} \tag{1.43}$$

で定義される．図 1-6 に示すように，通常は入射粒子の流れの軸のまわりに関しては対称性が存在するので，立体角の素片は，

$$d\Omega = 2\pi \sin\theta d\theta \tag{1.44}$$

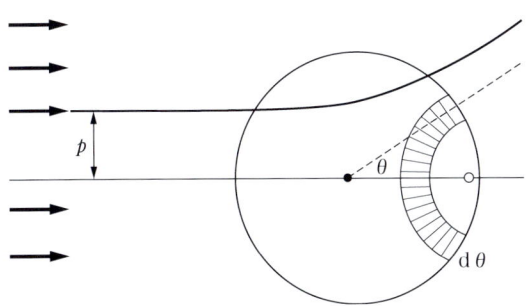

図 1-6．力の中心による入射粒子の流れの散乱

と書ける．θ を散乱角という．断面積という呼び方は σ が面積の次元をもっていることから出ている．

散乱の大きさは衝突径数 p によって決定される．θ と $\theta+\mathrm{d}\theta$ の間にある立体角 $\mathrm{d}\Omega$ の中に散乱される粒子の数は，対応する衝突径数 p と $p+\mathrm{d}p$ の間にある入射粒子の数に等しくなければならない．すなわち，

$$2\pi I p \mathrm{d}p = -2\pi I \frac{\mathrm{d}\sigma}{\mathrm{d}\Omega} \sin\theta \mathrm{d}\theta \tag{1.45}$$

である．負号がついているのは，p が $\mathrm{d}p$ だけ増加すれば，粒子に作用する力が弱くなり，散乱角は $\mathrm{d}\theta$ だけ減少するからである．(1.45) を変形して，$\mathrm{d}\sigma/\mathrm{d}\Omega$ を求めると，

$$\frac{\mathrm{d}\sigma}{\mathrm{d}\Omega} = -\frac{p}{\sin\theta} \frac{\mathrm{d}p}{\mathrm{d}\theta} \tag{1.46}$$

となる．結局 p と θ の関係が得られれば上式から微分断面積を求めることができる．散乱確率を全立体角にわたって積分した全断面積 σ_t は (1.44) を用いて，

$$\sigma_\mathrm{t} = \int_{4\pi} \frac{\mathrm{d}\sigma}{\mathrm{d}\Omega} \mathrm{d}\Omega = 2\pi \int_0^\pi \frac{\mathrm{d}\sigma}{\mathrm{d}\Omega} \sin\theta \mathrm{d}\theta \tag{1.47}$$

で求められる．

次に Rutherford 散乱について説明する．問題は距離の 2 乗に逆比例する電気力を及ぼし合う 2 つの正電荷の運動である．このとき原子核は α 粒子より重いから，これを空間に固定した力の中心と考えてよい．したがって惑星の運動についての Kepler の問題と同じである．ただし，α 粒子は無限遠のかなたから原子に近づき，ここで進路を変えてまた無限遠に去るのであるから，双曲線軌道になる．

原子核の電荷を Z，α 粒子の電荷を z，質量を m とする．図 1-7 において，S を原子核とする．α 粒子はこの S を外の焦点とする双曲線を描く．S を通る直線を x 軸とし，α 粒子ははじめ x 軸の方向に平行な直線 POP′ に沿って左方から速度 v でやってくる．この双曲線は POP′ を漸近線としているはずである．もう 1 つの漸近線を QOQ′ とすると，QOQ′ が屈曲した後の進路の方向を与える．したがって $\angle \mathrm{QOP'} = \theta$ が散乱角である．いま原子から十分遠いところで，α 粒子の出発した場所と x 軸との距離を p とする．この p を衝突径数という．p が大きければ進路は曲げられないであろうし，p が 0 ならば α 粒子は原

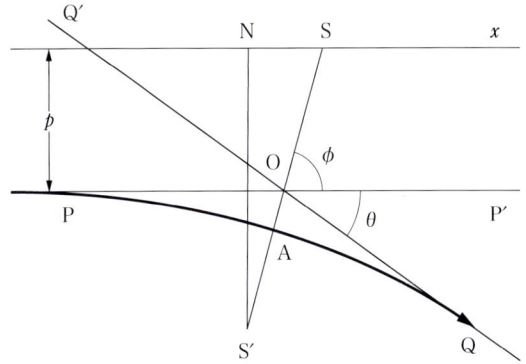

図 1-7. 原子核によって曲げられた α 線の軌道

子核と正面衝突を行い，進路は曲げられる．このように散乱角 θ は p の関数である．

α 粒子の遠方における速度を v，中心に最も近づいたところ A における速度を u とすると，角運動量保存則から，

$$pv = ru \tag{1.48}$$

ただし，r は SA の距離である．またエネルギー保存則から，

$$\frac{1}{2}mv^2 = \frac{1}{2}mu^2 + \frac{zZe^2}{4\pi\varepsilon_0 r} \tag{1.49}$$

ここで，

$$b = \frac{zZe^2}{2\pi\varepsilon_0 mv^2} \tag{1.50}$$

とおき，u を消去すると，

$$p^2 = r(r-b) \tag{1.51}$$

が得られる．図のように，

$$\phi = \angle \mathrm{SOP'} = \frac{\pi}{2} - \frac{\theta}{2} \tag{1.52}$$

とおくと，

$$\overline{\mathrm{SO}} = p \operatorname{cosec} \phi \tag{1.53}$$

が得られる．次にもう1つの焦点 S' から x 軸に垂線を下ろして，その足を N と

すると，双曲線の性質から，

$$\overline{SN} = r - \overline{S'A} = 2\overline{OA} \tag{1.54}$$

よって，

$$\overline{OA} = \overline{SN}/2 = p \cot\phi \tag{1.55}$$

(1.53) と (1.55) を加えると，

$$r = p(\operatorname{cosec}\phi + \cot\phi) = p \cot\frac{\phi}{2} \tag{1.56}$$

が得られる．これを (1.51) に代入し，ϕ を θ で表わすと，

$$\cot\frac{\theta}{2} = \frac{2p}{b} \tag{1.57}$$

これが求める θ と p の間の関係である．これを (1.46) に代入すると，Rutherford 散乱の微分断面積が得られる．

$$\frac{d\sigma}{d\Omega} = \frac{b^2}{16}\frac{1}{\sin^4\frac{\theta}{2}} = \frac{1}{16}\left(\frac{zZe^2}{4\pi\varepsilon_0 E}\right)^2\frac{1}{\sin^4\frac{\theta}{2}} \tag{1.58}$$

ここで $E = mv^2/2$ とおいた．非相対論的な量子力学はこの古典力学的な結果と同じ断面積を与える．この式は軌道電子による Coulomb 力の遮蔽効果が入っていない．したがってこれを (1.47) に代入して全断面積 σ_t を計算しようとすると，無限大に発散するが，実際は遮蔽効果のため発散することはない．

2. 放射線に関する基礎知識

summary

1. ある程度以上のエネルギーをもって運動している素粒子，原子核，光子などを総称して放射線という．
2. 放射線が物質中を通過するときに，原子・分子を電離するのに十分なエネルギーをもった粒子を電離放射線という．
3. 荷電粒子は直接電離放射線，光子・中性子などの非荷電粒子は間接電離放射線とよばれる．
4. 放射線の発生源は加速器か放射性核種である．
5. ICRU（放射線の単位と測定に関する国際委員会）レポートにまとめられている量と単位を用いる．

A. 放射線の定義と種類

　もともと，自然放射性元素から放出される α 線，β 線，γ 線のことであったが，現在ではこれらと同程度以上のエネルギーをもって運動している素粒子，原子核，光子などを総称して放射線という．線とよばれるのは，粒子の流れに方向性が認められるのが普通だからである．放射線が物質中を通過するときに，原子・分子を直接あるいは間接的に電離するのに十分なエネルギーをもった粒子を電離放射線という．物質中における電離放射線の振る舞いの模式図を図 2-1 に示す．

　放射線は荷電粒子と非荷電粒子に大別される．前者はもっている電荷によって直接，原子・分子を電離するので直接電離放射線とよばれる．後者には X 線，γ 線，中性子がある．これらは電荷をもたないので電気的な力で原子・分子を直

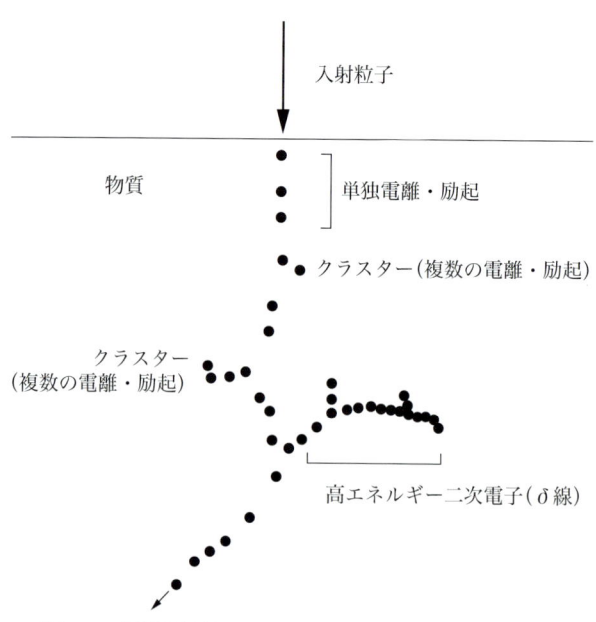

図 2-1．電離放射線の物質中における電離・励起の模式図

表 2-1. 電離放射線の種類[12]

放射線の種類	記号	電荷(電子電荷)	質量(電子質量)	平均寿命(秒)	発生方法	備考
γ 線	γ	0	0		RI	単一エネルギー
X 線	X	0	0		加速器	連続エネルギー
中性微子	ν	0	~0		RI	β 崩壊で発生
電子(β^-粒子)	e^-, β^-	-1	1	安定	加速器, RI	β 線は連続エネルギー
陽電子(β^+粒子)	e^+, β^+	$+1$	1	安定	RI	消滅線を放出
陽子	p	$+1$	1836	安定	加速器	
中性子	n	0	1839	1.1×10^3	加速器, 原子炉	^{252}Cf は中性子を放出
重陽子	d	$+1$	3670	安定	加速器	
三重陽子	t	$+1$	5479	10^9	加速器	
α 粒子	α	$+2$	7249	安定	加速器, RI	
μ 中間子	$\mu^\pm$	±1	207	2.15×10^{-6}	高エネルギー核反応	
π 中間子(荷電)	$\pi^\pm$	±1	273	2.65×10^{-8}	高エネルギー核反応	
π 中間子(中性)	π^0	0	264		高エネルギー核反応	
核破片(軽)		~36	陽子の約 96 倍		核分裂	
核破片(重)		~56	陽子の約 140 倍		核分裂	

接電離することはできないが,粒子と物質が相互作用し,その結果,二次的に生じた荷電粒子が原子・分子を多く電離するので間接電離放射線とよばれる.医療の分野に関係のある放射線を表 2-1 に示す.

電離するのに十分なエネルギーをもった粒子が放射線ということから,加速器を利用するとすべてのイオンが放射線になりうる.それで水素からウランまで放射線になりうる.現実にはネオンまでの重粒子が医療の分野で利用されている.このように放射線には多くの種類があるが,宇宙線を除けば放射線の発生源は加速器か放射性核種である.

線源には次のようなものがある.
　X 線　　　　　X 線管球,直線型加速器,放射光

γ 線	放射性核種
電子線	ライナック,ベータトロン,マイクロトロン
β 線	放射性核種
重イオン	ライナック,サイクロトロン,シンクロトロン
中性子	サイクロトロン(原子核反応),原子炉,Cf-254,252

B. 放射線に関する量と単位

　放射線あるいは放射線と物質との相互作用を論ずるには,その単位とその定義を正確に知っておく必要がある.ICRU(放射線の単位と測定に関する国際委員会)のレポート33に基づいて,よく用いられる単位について述べる.

1. 放射線の物理量と単位

a. 放射線場に関係した量

1) 粒子数　particle number (N)

放出,透過または入射する粒子の数.単位は1.

2) 放射エネルギー　radiant energy (R)

放出,透過または入射する粒子のエネルギー(静止エネルギーは含まない).単位はJ.

3) (粒子)束　(particle) flux ($\dot{N}$)

$$\dot{N} = \frac{dN}{dt} \tag{2.1}$$

dN はdt 時間中の粒子の増加量.単位は s^{-1}.

4) エネルギー束　energy flux ($\dot{R}$)

$$\dot{R} = \frac{dR}{dt} \tag{2.2}$$

dR はdt 時間中の放射エネルギーの増加量.単位はW.

5) (粒子)フルエンス　(particle) fluence (Φ)

$$\Phi = \frac{dN}{da} \tag{2.3}$$

断面積 da の球に入射する粒子数 dN を da で除したもの.単位は m^{-2}.

放射線に関する量と単位   19

6) エネルギーフルエンス energy fluence (Ψ)

$$\Psi = \frac{dR}{da} \tag{2.4}$$

断面積 da の球に入射する放射エネルギーdR を da で除したもの．単位は Jm^{-2}．

7) (粒子) フルエンス率 (particle) fluence rate (ϕ)

$$\phi = \frac{d\Phi}{dt} = \frac{d^2 N}{da dt} \tag{2.5}$$

$d\Phi$ は dt 時間中の粒子フルエンスの増加量．単位は $m^{-2}s^{-1}$．

8) エネルギーフルエンス率 energy fluence rate (ψ)

$$\psi = \frac{d\Psi}{dt} = \frac{d^2 R}{da dt} \tag{2.6}$$

$d\Psi$ は dt 時間中のエネルギーフルエンスの増加量．単位は Wm^{-2}．

b．相互作用に関係した量

1) 断面積 cross section (σ)

$$\sigma = \frac{P}{\Phi} \tag{2.7}$$

P は，粒子フルエンスΦ が当たったとき，あるターゲット(1原子とか1分子)当たりの相互作用の確率．単位は m^2．よく用いられる単位として barn (10^{-28} m^2) がある．

2) 質量減弱係数 mass attenuation coefficient (μ/ρ)

非荷電粒子による質量減弱係数は，

$$\frac{\mu}{\rho} = \frac{1}{\rho N} \frac{dN}{dl} \tag{2.8}$$

で与えられる．N は，厚さ dl で密度 ρ の層に入射した粒子数で，dN はこの層の中で相互作用を行い，粒子のエネルギーやその方向が変化した粒子数である．単位は $m^2 kg^{-1}$．

X線・γ線の場合は，

$$\frac{\mu}{\rho} = \frac{\tau}{\rho} + \frac{\sigma_c}{\rho} + \frac{\sigma_{coh}}{\rho} + \frac{\kappa}{\rho} \tag{2.9}$$

である．右辺各項はそれぞれ光電効果，Compton 効果，干渉性散乱，電子対生

成の質量減弱係数である．

3）質量エネルギー転移係数　mass energy transfer coefficient（μ_{tr}/ρ）

非荷電粒子による質量エネルギー転移係数は，

$$\frac{\mu_{tr}}{\rho} = \frac{1}{\rho E N}\frac{dE_{tr}}{dl} \tag{2.10}$$

で与えられる．E は厚さ dl，密度 ρ の層に入射した非荷電粒子の静止エネルギーを除いたエネルギーの総和，dE_{tr} はこの層の中で生成された荷電粒子の運動エネルギーの総和である．単位は $m^2 kg^{-1}$．詳細は第 7 章 D 節において述べる．

4）質量エネルギー吸収係数　mass energy absorption coefficient（μ_{en}/ρ）

非荷電粒子による物質の質量エネルギー吸収係数は，

$$\frac{\mu_{en}}{\rho} = \frac{\mu_{tr}}{\rho}(1-g) \tag{2.11}$$

で与えられる．ここで g は，物質中で二次荷電粒子が制動放射によって失うエネルギーの二次荷電粒子のエネルギーに対する割合である．単位は $m^2 kg^{-1}$．

μ_{en}/ρ と μ_{tr}/ρ の違いは二次荷電粒子の運動エネルギーが高く，かつ物質の原子番号が大きいとき，はっきりする．

5）全質量阻止能　total mass stopping power（S/ρ）

荷電粒子に対する物質の全質量阻止能は，

$$\frac{S}{\rho} = \frac{1}{\rho}\frac{dE}{dl} \tag{2.12}$$

で与えられる．dE は，密度 ρ の物質中で，あるエネルギーの荷電粒子が距離 dl を通過する際に失うエネルギー．単位は $Jm^2 kg^{-1}$．

S は全線阻止能である．原子核相互作用が無視できるエネルギーにおいては，全質量阻止能は，

$$\frac{S}{\rho} = \frac{1}{\rho}\left(\frac{dE}{dl}\right)_{col} + \frac{1}{\rho}\left(\frac{dE}{dl}\right)_{rad} \tag{2.13}$$

ここで，$(dE/dl)_{col} = S_{col}$ は線衝突阻止能，$(dE/dl)_{rad} = S_{rad}$ は線放射阻止能である．

6）線エネルギー付与　LET（linear energy transfer）または制限線衝突阻止能　restricted linear collision stopping power（L_Δ）

物質中の荷電粒子の線エネルギー付与は，

$$L_\Delta = \left(\frac{dE}{dl}\right)_\Delta \tag{2.14}$$

で与えられる．Δは衝突によって生成された二次電子のエネルギーを表わし，これ以下のエネルギーの二次電子による衝突阻止能を意味する．たとえば，L_{100}ならばカットオフ100 eVのときの線エネルギー付与という．またすべての二次電子を取り入れるとすると $\Delta=\infty$，したがって $L_\infty = S_{col}$ となる．単位はJm^{-1}．通常はkeV μm^{-1}が用いられる．

7）放射線化学収率　radiation chemical yield（$G(x)$）

放射線エネルギーの吸収によって生じた反応生成物の収率を表わすものでG値とよぶ．

$$G(x) = \frac{n(x)}{\bar{\varepsilon}} \tag{2.15}$$

ただし$\bar{\varepsilon}$は吸収したエネルギー，$n(x)$は生成された原子または分子の量．単位はmolJ^{-1}．

8）イオン対当たりの平均エネルギー

1イオン対を形成するのに気体中で費やされる平均エネルギーをW値という．単位はふつうeVを用いる．

$$W = \frac{E}{\bar{N}} \tag{2.16}$$

初期運動エネルギーEの荷電粒子が気体中で完全にエネルギーを消費したとき，形成される平均イオン対数が$\bar{N}$である．

c．線量に関係した量

1）付与エネルギー　energy imparted（ε）

ある体積中の物質に放射線が与えるエネルギー．

$$\varepsilon = R_{in} - R_{out} + \sum Q \tag{2.17}$$

ここで，

$R_{\mathrm{in}}=$ この体積中に入射したすべての荷電粒子,非荷電粒子の放射エネルギーの和(静止エネルギーは含まない).

$R_{\mathrm{out}}=$ この体積から放出されたすべての荷電粒子,非荷電粒子の放射エネルギーの和(静止エネルギーは含まない).

$\Sigma Q=$ 体積中の原子核および素粒子の核変換によって生じた静止エネルギーの変化の和.

単位は J.

ちなみに,ε は確率量であり,微視的線量測定 microdosimetry における基本的な量である.微視的線量測定においては,lineal energy,specific energy などの確率的概念が導入されるが,詳細は省く.

2) 吸収線量　absorbed dose (D)

吸収線量 D は,平均エネルギー付与 $\mathrm{d}\bar{\varepsilon}$(これは非確率量)を与えられた物質の質量 $\mathrm{d}m$ で除したもの.

$$D=\frac{\mathrm{d}\bar{\varepsilon}}{\mathrm{d}m} \qquad (2.18)$$

単位は Jkg^{-1}.特定の単位名はグレイ(Gy)で,$1\,\mathrm{Gy}=1\,\mathrm{Jkg}^{-1}$であり,従来使用されていた吸収線量の特殊単位ラド(rad)との関係は $1\,\mathrm{Gy}=100\,\mathrm{rad}$ である.

3) 吸収線量率 absorbed dose rate ($\dot{D}$)

$$\dot{D}=\frac{\mathrm{d}D}{\mathrm{d}t} \qquad (2.19)$$

$\mathrm{d}D$ は $\mathrm{d}t$ 時間中の吸収線量の増加量.特定の単位名は $1\,\mathrm{Gys}^{-1}=1\,\mathrm{Jkg}^{-1}\mathrm{s}^{-1}$.

4) カーマ　kerma (K)

これは kinetic energy released in material の略である.質量 $\mathrm{d}m$ の物質中において,非荷電粒子によって放出されるすべての荷電粒子の初期運動エネルギーの和 $\mathrm{d}E_{\mathrm{tr}}$ を $\mathrm{d}m$ で除したものである.

$$K=\frac{\mathrm{d}E_{\mathrm{tr}}}{\mathrm{d}m} \qquad (2.20)$$

単位は Jkg^{-1}.特定の単位はグレイ(Gy)である.

この単位は定義からして,非荷電粒子のみに適用される.$\mathrm{d}E_{\mathrm{tr}}$ は二次荷電粒子が最初にもつエネルギーだから,この荷電粒子が物質の電離,励起以外に制動放射によって失ったエネルギーもすべて $\mathrm{d}E_{\mathrm{tr}}$ に含まれる.また,体積要素内

で光電効果を起こし，その結果生じる Auger 電子のエネルギーも dE_{tr} に含まれる．

エネルギー E の非荷電粒子に対しては，エネルギーフルエンス Ψ とカーマ K の間に，次の関係が成り立つ．

$$K = \Psi\left(\frac{\mu_{\mathrm{tr}}}{\rho}\right) = \Phi\left[E\left(\frac{\mu_{\mathrm{tr}}}{\rho}\right)\right] \tag{2.21}$$

ここで μ_{tr}/ρ は質量エネルギー転移係数で，$[E(\mu_{\mathrm{tr}}/\rho)]$ はカーマファクタとよばれる．

物質内で荷電粒子平衡が成り立ち，制動放射による損失が無視できれば，そのときは吸収線量とカーマは等しくなる．X 線，γ 線のエネルギーが高くなると，荷電粒子平衡が成立しなくなり，カーマは吸収線量よりわずかに低くなる．

5）カーマ率　kerma rate（$\dot{K}$）

$$\dot{K} = \frac{dK}{dt} \tag{2.22}$$

6）照射線量　exposure（X）

照射線量は，質量が dm である空気の体積内で，入射光子によって生成されたすべての電子（陰電子と陽電子）が空気中で完全に静止したとき，その過程で空気中に生じた一方符号のイオンの総電荷量を dQ とすると，

$$X = \frac{dQ}{dm} \tag{2.23}$$

で与えられる．単位は $\mathrm{Ckg^{-1}}$ であり，従来用いられていたレントゲン（R）との関係は $1\,\mathrm{R} = 2.58 \times 10^{-4}\,\mathrm{C\ kg^{-1}}$ である．dQ には二次電子による制動放射によって生成された電荷は含まない．光子のエネルギーが，数 keV 以下あるいは数 MeV 以上のエネルギー範囲では，照射線量を測定することは困難である．

照射線量の別の定義として，

$$X = \Psi\frac{\mu_{\mathrm{en}}}{\rho}\frac{e}{W} \tag{2.24}$$

がある．

7）照射線量率　exposure rate（$\dot{X}$）

$$\dot{X} = \frac{dX}{dt} \tag{2.25}$$

単位は，dX を適当な時間の単位で除した $Ckg^{-1}min^{-1}$, $Ckg^{-1}hr^{-1}$ などで表わされる．

d．放射能に関係した量

1）壊変定数　decay constant（λ）

特定のエネルギー状態にある放射性核種についての量で，1個の原子核が，dt 時間内にその状態から自然に核遷移を起こす確率である．単位は s^{-1}．

2）放射能　activity（A）

ある時刻における，特定のエネルギー状態にある放射性核種の量である．dt 時間内にその状態から自然に核遷移を起こす数の期待値を dN とすれば，

$$A = \frac{dN}{dt} \tag{2.26}$$

単位は s^{-1}．特定の単位名はベクレル（Bq）であり，$1\,Bq = 1\,s^{-1}$ である．従来使用されていた特殊な単位キュリー（Ci）との関係は $1\,Ci = 3.7 \times 10^{10}\,s^{-1}$ である．

ここで特定のエネルギー状態とは，とくに指定しない限り，核の基底状態である．特定のエネルギー状態にある放射性核種の放射能 A は，その状態の λ とその状態の原子核の数 N との積に等しい．

$$A = \lambda N \tag{2.27}$$

3）空中カーマ率定数　air kerma-rate constant（Γ_δ）

放射能 A の点線源から距離 l だけ離れた点での，エネルギーδ 以上の光子による空中カーマ率定数は，

$$\Gamma_\delta = \frac{l^2 \dot{K}_\delta}{A} \tag{2.28}$$

で与えられる．ここで $\dot{K}_\delta$ は空中カーマ率である．特定の単位 Gy と Bq を使用すると，$m^2 GyBq^{-1}s^{-1}$ となる．

空中カーマ率定数は 1980 年の ICRU の勧告によるもので，従来の照射線量率定数に代わるものである．

4）照射線量率定数　exposure rate constant（Γ_δ'）

放射能 A の放射性核種から距離 l 離れた点の，エネルギーδ 以上の光子による照射線量率である．

$$\Gamma_\delta' = \frac{l^2}{A}\left(\frac{dX}{dt}\right)_\delta \tag{2.29}$$

表 2-2. 水における荷電粒子の LET と線質係数 Q の関係[13]

LET, L (keV μm^{-1} in water)	$Q(L)$
≤ 10	1
10-100	$0.32 L - 2.2$
≥ 100	$300/\sqrt{L}$

エネルギー δ 以上の光子の中には, γ 線, 特性 X 線および内部制動放射線を含む.

2. 放射線防護に関する量

線量当量 dose equivalent (H)

生物に対する放射線の作用をみるとき, 吸収線量が同じであっても, 放射線の種類によってその効果が異なる場合がある. その効果の違いを表わすのに, 生物学的効果比 relative biological effectiveness (RBE) を用いていたが, 1962年の ICRU の勧告により, RBE は生物学にだけ使用し, 放射線防護関係では新しく線量当量 dose equivalent を使用することになった. 線量当量 (H) は次の式で表される.

$$H = QD \tag{2.30}$$

ここで D は組織中の任意の点における吸収線量で, Q はその点での線質係数である. 線質係数は**表 2-2** に示すように, 水中における荷電粒子の線エネルギー付与 L_∞ の関数として与えられる.

吸収線量の単位を Gy とすれば, 線量当量の単位はシーベルト (Sv) である. よって 1 Sv=1 Jkg^{-1} であり, 従来使用されていた線量当量の特殊単位レム (rem) との関係は 1 Sv=100 rem である.

表 2-3 に放射線の量とその単位をまとめた.

表 2-3. 放射線の量と単位[14]

名称	記号	単位 SI	SI単位の特定の名称	特殊な単位
粒子数	N	1		
放射エネルギー	R	J		
(粒子) フラックス	$\dot{N}$	s^{-1}		
エネルギーフラックス	$\dot{R}$	W		
(粒子) フルエンス	Φ	m^{-2}		
エネルギーフルエンス	Ψ	$J\ m^{-2}$		
(粒子) フルエンス率	ϕ	$m^{-2}\ s^{-1}$		
エネルギーフルエンス率	ψ	$W\ m^{-2}$		
粒子ラジアンス	p	$m^{-2}\ s^{-1}\ sr^{-1}$		
エネルギーラジアンス	r	$W\ m^{-2}\ sr^{-1}$		
断面積	σ	m^2		b
質量減弱係数	μ/ρ	$m^2\ kg^{-1}$		
質量エネルギー転移係数	μ_{tr}/ρ	$m^2\ kg^{-1}$		
質量エネルギー吸収係数	μ_{en}/ρ	$m^2\ kg^{-1}$		
全質量阻止能	S/ρ	$J\ m^2\ kg^{-1}$		$eV\ m^2\ kg^{-1}$
線エネルギー付与	L_Δ	$J\ m^{-1}$		$eV\ m^{-1}$
放射線化学収率	$G(x)$	$mol\ J^{-1}$		
イオン対当たりの平均エネルギー	W	J		eV
付与エネルギー	ε	J		
リニアルエネルギー	y	$J\ m^{-1}$		$eV\ m^{-1}$
スペシフィックエネルギー	z	$J\ kg^{-1}$	Gy	rad
吸収線量	D	$J\ kg^{-1}$	Gy	rad
吸収線量率	$\dot{D}$	$J\ kg^{-1}\ s^{-1}$	$Gy\ s^{-1}$	$rad\ s^{-1}$
カーマ	K	$J\ kg^{-1}$	Gy	rad
カーマ率	$\dot{K}$	$J\ kg^{-1}\ s^{-1}$	$Gy\ s^{-1}$	$rad\ s^{-1}$
照射線量	X	$C\ kg^{-1}$		R
照射線量率	$\dot{X}$	$C\ kg^{-1}\ s^{-1}$		$R\ s^{-1}$
壊変定数	λ	s^{-1}		
放射能	A	s^{-1}	Bq	Ci
空中カーマ率定数	Γ_δ	$m^2\ J\ kg^{-1}$	$m^2\ Gy\ Bq^{-1}\ s^{-1}$	$m^2\ rad\ Ci^{-1}\ s^{-1}$
線量当量	H	$J\ kg^{-1}$	Sv	rem
線量当量率	$\dot{H}$	$J\ kg^{-1}\ s^{-1}$	$Sv\ s^{-1}$	$rem\ s^{-1}$

3. 原　　子

Summary

1. 化学反応における Dalton の法則（定比例の法則と倍数比例の法則）は今日の原子論の先駆けとなった．
2. 水素原子のスペクトルは，今日前期量子論とよばれている Bohr の量子理論によって説明された．
3. 量子力学において，波動関数の絶対値の2乗はその場所における粒子の存在確率を表わす．
4. 不確定性原理によれば，粒子の位置と運動量（または波長）は同時に両方を正確に決定することはできない．
5. 原子のエネルギー準位は，主量子数 n，方位量子数 l，磁気量子数 m で指定される．$n\,l\,m$ の決まった1つの状態は軌道とよばれる．

A. 物質の原子的性質

1. Daltonの原子論

19世紀初頭，Daltonは現代化学の基礎となる重要な法則を発見した．1つは定比例の法則であり，これは1つの化合物をつくる成分元素の質量比は常に一定であるという法則である．たとえば水素2gと酸素16gとは化合して18gの水になるが，これ以外の割合の水素と酸素とでは，全部が化合して水になることはなく，どちらか余分の方が化合の相手なしに残る．また，倍数比例の法則は，2種の元素が化合して2種以上の化合物をつくるとき，一方の元素の一定量と化合する他方の元素の質量の比は，簡単な整数の比になっているという法則である．たとえば炭素12gに対して，酸素32gの割合で化合すると炭酸ガスができる．炭素と酸素とはほかの割合でも化合して，ほかの化合物を作るが，その割合は連続的には変わらない．一酸化炭素は炭素と酸素が12g：16gの割合で化合したものである．この2つの化合物を比較してみると，炭素12gと化合する酸素の分量は16gから32gへと2倍にとんでいる．

Daltonはまた，混合気体の物理的状態の考察から原子量の概念にたどりついた．彼の原子概念は，重さをもつ原子の結合による化合物の生成，という近代的物質観を確立した．これらのアイデアは同時代の人びとに支持された．Gay-Lussacによる気体反応の法則は，気体が化学反応するとき，反応前の各気体の体積と生成気体の体積との間には，圧力と温度が一定のとき，簡単な整数比の関係があるというものである．この法則は，等温・等圧下の気体の体積は，分子数に比例するということを意味する．Avogadroは同温・同圧の下では，同体積のすべての気体は同数の分子の集団であるという仮説を立てた．原子量がAである元素物質のAgをその物質の1グラム原子という．また分子量がMである化合物のMgをその化合物の1グラム分子，または1モルという．1グラム原子（分子）の物質に含まれる原子（分子）の数はすべての物質に共通な定数で，Avogadro数とよばれ，その値は，

$$N_A = 6.022 \times 10^{23} \text{ mol}^{-1} \tag{3.1}$$

である．これを標準状態の理想気体にすると，その体積は$22.41 \times 10^{-3} \text{m}^3\text{mol}^{-1}$

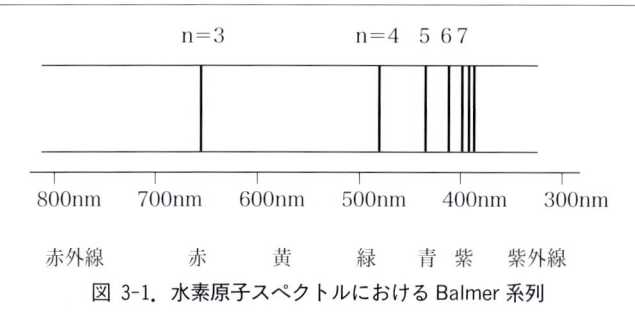

```
    n=3          n=4 5 6 7
800nm  700nm  600nm  500nm  400nm  300nm
 赤外線    赤    黄    緑   青  紫  紫外線
```
図 3-1．水素原子スペクトルにおける Balmer 系列

である．

2．水素原子のスペクトル

19 世紀半ばの科学者は，光源中に存在する元素を同定するために光を分析した．分光器で観測すると，おのおのの化学元素はそれらに固有の特徴的な線の系列を作る．この系列をスペクトルという．元素は放出したのと同じ波長の光を吸収する．

水素原子を気体放電管に入れて放電させ，その光を分光器で調べると，多数のスペクトル線が観測される．図 3-1 は水素原子の可視光および近紫外線スペクトルにおける線を示す．1885 年 Balmer は，水素スペクトルにおいて観測された波長 λ を与える半経験的公式を発表した．この式は，

$$\frac{1}{\lambda} = R\left(\frac{1}{2^2} - \frac{1}{n^2}\right) \tag{3.2}$$

ここで $R = 1.09737 \times 10^7 \mathrm{m}^{-1}$ で，Rydberg 定数とよばれる．n は 2 より大きい 3，4，5，…を表わす．Balmer はほかの系列の存在も予測している．(3.2)は，1913 年 Bohr によって理論的に導出された．

3．陰極線

細長いガラス管に 2 つの電極を封入し，電極に数千ボルトの電圧をかけておいて，管内の空気を抜き圧力を次第に下げていくと放電が起こる．圧力をさらに下げ 0.01 mmHg 程度にすると，陰極から何か放射線が飛び出していることが分かる．これを陰極線という．1897 年 J. J. Thomson は陰極線の電荷 e と質

量 m の比，つまり比電荷 e/m を測定した．これは物質粒子としての電子の実験的な発見として記録されている．彼が見出した比電荷は，水素原子のそれのおよそ 1,700 倍だった．したがって，電子は水素原子よりこのファクタだけ重くないということになる．現在知られている値は，

$$\frac{e}{m} = 1.7588 \times 10^{11} \quad \mathrm{Ckg^{-1}} \tag{3.3}$$

である．Thomson が描いた原子像は，正電荷の流体の中に多数の負電荷の電子が含まれている，というものであった．

B. Rutherford の原子模型

α 線，β 線，γ 線の存在は 1900 年までに知られていた．これらは物質の構造を調べるプローブとして用いられるようになった．Rutherford とその学生であった Geiger と Marsden は α 粒子の物質透過を研究していた．7.69 MeV の細く絞った α 粒子を 6×10^{-5} cm 厚の金箔に当てると，箔を通り抜けた α 粒子がいろいろな角度に観測される（図 3-2）．大部分は入射方向からほんのわずかそれるだけであるが，大きい角度に散乱されることがごくまれに起こった．後方散乱さえも起こった．高速の重い α 粒子の方向を逆向きにするには，非常に強力な電場あるいは磁場が必要である．

Rutherford は，このような大きい角度の偏向は非常に小さく重い核が存在することの証拠であり，核が原子の正電荷を担っていると考えた．さらに，原子内の軽い電子は原子の体積を満たすよう，核のまわりを速く動かなければならない．原子はほとんど空っぽの空間である．だから大部分の α 粒子はほとんど

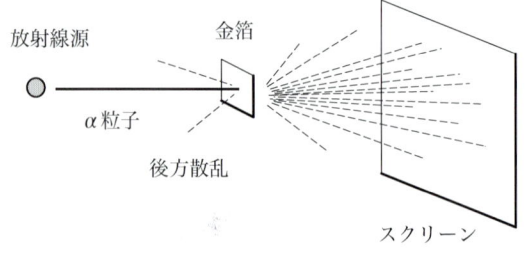

図 3-2. α 粒子の散乱実験

散乱されず，箔を通り抜けることができたのである．これらの考察より，陽電気 Ze をもち，原子の質量の大部分をもつ質点めがけて α 粒子が入射し，この間に働く Coulomb 力で散乱されるとして計算した．その結果，有名な Rutherford の散乱公式 (1.58) を導き，これによって α 粒子の角度分布を計算し，実験値との良い一致を得た．

質量数 A の核半径は近似的に

$$R \cong 1.3\, A^{1/3} \times 10^{-15} \text{m} \tag{3.4}$$

で表わされる．したがって，金の原子核の半径は 7.56×10^{-15}m となる．一方，金原子の半径は 1.79×10^{-10}m である．両者の半径の比は 4.22×10^{-5} であるから，重い核は原子の中心にあるごく小さな斑点である．Rutherford の原子模型は，太陽系模型とよばれる．

C. Bohr の量子論

等速直線運動をしていない物体は加速されており，加速されている電荷は電磁波を放出する．こうした古典力学の法則からすれば，Rutherford 模型の原子がなぜ安定なのか理解できなかった．Bohr は 1913 年，水素原子のスペクトルを説明するための理論を提唱した．Bohr の理論は次の 3 つの仮定に立脚している．

① 原子内の電子のエネルギーは連続的な値をとるのではなく，原子に特有なとびとびの値 E_1, E_2, E_3, ..., E_n... のいずれかの値をとる．この状態では原子は光を放射しない．このような状態を定常状態という．また，上の E_1, E_2, ... などをエネルギー準位という．エネルギー最低の定常状態を基底状態，それより上の定常状態を励起状態という．

② 原子が光の放出や吸収を行うのは，電子が 1 つの定常状態からほかの定常状態に移るときである．電子の状態が E_i から E_f へ移ったとき，振動数 ν の光子が 1 個放出される．

$$h\nu = E_i - E_f \tag{3.5}$$

これを Bohr の振動数条件という．

③ 定常状態において，電子は Newton 力学における運動の法則にしたがって

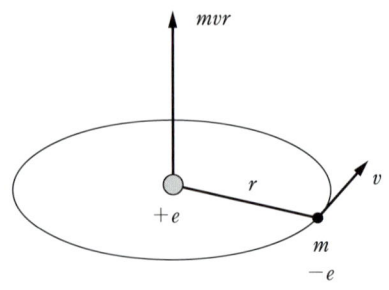

図 3-3. 水素原子核のまわりを等速円運動する電子

運動する．Bohr は，核の周りの電子の角運動量が Planck 定数 $\hbar$ の整数倍であると仮定すれば，正しい電子エネルギーレベルが得られる，ということを見出した．図3-3のように，電子は陽子を中心とする半径 r の等速円運動を行うとすると電子の角運動量は mvr である．これが $n\hbar$ に等しいのだから，

$$mvr = n\hbar \tag{3.6}$$

が得られる．ただし $\hbar = h/2\pi$ で定義される．これを量子条件，また整数 n を量子数という．

電子にはたらく Coulomb 力は，等速円運動の求心力に等しいから，

$$m\frac{v^2}{r} = \frac{e^2}{4\pi\varepsilon_0 r^2} \tag{3.7}$$

が得られる．これより，

$$r = \frac{4\pi\varepsilon_0 \hbar^2}{me^2} n^2 \tag{3.8}$$

となる．$n=1$ の場合を Bohr 半径といい，ふつう a と記す．a は水素原子の半径を表わす長さで $a = 0.529 \times 10^{-10}$ m になる．

電子の力学的エネルギーは，運動エネルギーと Coulomb ポテンシャルの和で，

$$E = \frac{1}{2}mv^2 - \frac{e^2}{4\pi\varepsilon_0 r} \tag{3.9}$$

となる．(3.7)式と $r = n^2 a$ の関係より，n 番目の円軌道をめぐる電子のエネルギーとして，

$$E_n = -\frac{e^2}{8\pi\varepsilon_0 a}\frac{1}{n^2} = -\frac{13.6}{n^2} \quad [\text{eV}] \ (n=1, 2, 3, \ldots) \quad (3.10)$$

これが水素原子のエネルギー準位を表わす．$n_i \longrightarrow n_f$ という遷移に伴って放出される光の振動数 ν は，Bohr の振動数条件より，

$$h\nu = \frac{e^2}{8\pi\varepsilon_0 a}\left(\frac{1}{n_f^2} - \frac{1}{n_i^2}\right) \quad (3.11)$$

と表わされる．$c = \lambda\nu$ の関係を用いると，(3.11) から，

$$\frac{1}{\lambda} = R\left(\frac{1}{n_f^2} - \frac{1}{n_i^2}\right) \quad (3.12)$$

となり，$n_f = 2$ とおけば Balmer 系列 (3.2) が導かれる．ここで，

$$R = \frac{e^2}{8\pi h\varepsilon_0 ac} = \frac{me^4}{8\varepsilon_0^2 h^3 c} \quad (3.13)$$

は Rydberg 定数の理論式である．数値を代入すれば $R = 1.09737 \times 10^7 \text{m}^{-1}$ となり，A.2 で述べた R の実験値とよく一致する結果が得られる．Balmer 系列のほかに $n_f = 1$，$n_i = 2, 3, 4, \ldots$ の Lyman 系列，$n_f = 3$ の Paschen 系列などが Bohr 理論によって予言された．以上のように，Bohr の量子論は，水素原子のスペクトルを非常にうまく説明することができた．また原子内の電子が実際に定常状態に存在していることを示す証拠は，1914 年 Franck と Hertz が行った電子衝突の実験によって直接確かめられた．Bohr の量子論は古典物理学の困難を根本的に解決したものではなかったが，量子力学への中継ぎという役割を果たした．現在では，これを前期量子論とよんでいる．

D．量子力学

1．電子の波動性

古典的には，波と考えられる光が同時に粒子の性質をもつ．de Broglie（ド・ブロイ）は，逆に電子のように古典的には粒子と考えられるものは，同時に波の性質を示すのではなかろうか，と考えた．電子に伴う波を電子波という．一般に，物質粒子に伴う波を物質波あるいは de Broglie 波という．物質粒子のエネルギー E，運動量 p が与えられたとき，それに伴う物質波の振動数と波長は，

$$\nu = \frac{E}{h} , \quad \lambda = \frac{h}{p} \tag{3.14}$$

と書ける．これを de Broglie の関係という．

　電子の質量を m，電荷を e，加速電圧を V とすると，電子が得る運動エネルギー $mv^2/2$ は eV に等しいから，速さ v は $v=\sqrt{2eV/m}$ となる．これを (3.14) の第 2 式に代入すると，de Broglie 波長 λ は，

$$\lambda = \frac{h}{\sqrt{2meV}} \tag{3.15}$$

となる．1927 年 Davisson と Germer は，電子線が X 線と同様な回折現象を示すことを発見した．電子波の波長を測定し，de Broglie の関係の正しいことを実証した．

2．不確定性原理

　われわれが波動と考えていた光には粒子性があり，粒子と考えていた電子には波動性があることが明らかになった．この一見まったく相容れない 2 つの性質をもつことは事実である．その結果，光が粒子であるという概念が波動性によってある制限を受け，また逆に物質粒子の波動という概念がその粒子性から制限を受けることになった．したがって，光や電子が波動性をもったり，粒子性をもつということは，波または粒子の性質をあらゆる場合にわたって無制限に使用してはならないことを意味している．何か制限を与える規則があると考えなければならない．このような法則は 1927 年 Heisenberg（ハイゼンベルグ）の思考実験によって見出された．この法則を不確定性原理という．

　粒子のもつ基本的な属性は，空間の中の位置と運動量であり，波動の属性は波長である．波長 λ と運動量 p とは $p=h/\lambda$ の関係があるから，波長の代わりに運動量を用いてもよい．不確定性原理は，電子の位置と運動量は同時に両方を正確に決定することができないというものである．位置の不確定さ Δx と運動量の不確定さ Δp の間には，

$$\Delta x \cdot \Delta p \geq h \tag{3.16}$$

の関係が成り立つ．つまり，Δp が小さくなれば Δx が大きくなり，逆に Δx が小さくなれば Δp が大きくならなければならないことを表わしており，同時に 2 つの量の確定的な値は決まらないというものである．これは，粒子性と波動性

とがたがいに制約し合い，どちらか一方を無制限に使用してはならないことを表わしている．光や電子の粒子性を調べようとすると，光や電子の波動としての振る舞いが乱されてしまうのである．このような関係は時間とエネルギーについても成り立つ．

3．Schrödinger 方程式

量子力学 は 1925 年，Heisenberg，およびそれとは独立に Schrödinger（シュレディンガー）によって完成された．Heisenberg の定式化は行列力学，Schrödinger の方は波動力学とよばれている．数学的形式は全く異なっているが，これら 2 つの力学系は完全に等価であり，同じ結果に導く．ここでは波動力学の初歩を解説する．

電子は粒子と同時に波の性質を示す．このような粒子と波という互いに矛盾する概念を統一的に理解するのが，量子力学の 1 つの目的である．電子のエネルギー E，運動量 p と，電子に伴う de Broglie 波の振動数 ν，波長 λ との間には de Broglie の関係 $\nu = E/h$，$\lambda = h/p$ が成り立つ．これを変形して，

$$E = \hbar \omega, \quad p = \hbar k \tag{3.17}$$

とするのが便利である．$\omega = 2\pi\nu$ であり，$k = 2\pi/\lambda$ で k を波数ベクトルという．

波動とは，波動量がその空間変化の形を変えずにある方向に進行していく現象である．波動量を ϕ とすれば，その時間空間的な変化を記述する古典的な波動方程式は，

$$\frac{1}{c^2}\frac{\partial^2 \phi}{\partial t^2} = \frac{\partial^2 \phi}{\partial x^2} + \frac{\partial^2 \phi}{\partial y^2} + \frac{\partial^2 \phi}{\partial z^2} \equiv \Delta \phi \tag{3.18}$$

と表わされる．Δ は Laplace 演算子で，

$$\Delta = \frac{\partial^2}{\partial x^2} + \frac{\partial^2}{\partial y^2} + \frac{\partial^2}{\partial z^2} \tag{3.19}$$

である．波数ベクトル k の方向に進行する正弦波の場合，位置ベクトルを r とすれば，ϕ は，

$$\phi = A\sin(kr - \omega t) \tag{3.20}$$

で与えられる．この ϕ に対して，

$$\frac{\partial^2 \phi}{\partial t^2} = -\omega^2 \phi \tag{3.21}$$

$$\Delta\phi = -k^2\phi \tag{3.22}$$

が成り立つ．上の2式を (3.18) に代入すると，

$$\omega = ck \tag{3.23}$$

と表わされる．

(3.18) の波動方程式を解くとき，(3.20) の実数解の代わりに，

$$\phi = A\exp[i(kr - \omega t)] \tag{3.24}$$

という複素数の解を考えることができるが，古典物理学の範囲では，波動量は必ず実数である．古典物理学から類推して，de Broglie 波が適当な波動量 ψ で表わされるとする．これを波動関数という．波動関数 ψ がしたがうべき方程式が Schrödinger 方程式である．1個の電子について考え，外力がはたらいていないとすれば，エネルギー E は運動エネルギーだけで，$E = p^2/2m$ である．これに (3.17) を代入すると，

$$\omega = \frac{\hbar k^2}{2m} \tag{3.25}$$

となる．とにかく ψ は波数 k，角振動数 ω の de Broglie 波を表わしているのであるから，その波としての性格は (3.24) のように書けるであろう．その場合 $\Delta\psi = -k^2\psi$ が成立するから，(3.25) に ψ を掛けたものは，

$$-\frac{\hbar}{2m}\Delta\psi = \omega\psi \tag{3.26}$$

と表わされる．さらに上式に $\hbar$ を掛け，$E = \hbar\omega$ を使うと

$$-\frac{\hbar^2}{2m}\Delta\psi = E\psi \tag{3.27}$$

が得られる．これを Schrödinger の波動方程式という．この方程式は，エネルギー準位 (エネルギー固有値ともいう) E を求めるための基本式である．もし，電子に $U(x, y, z)$ というポテンシャルをもった力がはたらくときは，

$$-\frac{\hbar^2}{2m}\Delta\psi + U\psi = E\psi \tag{3.28}$$

となる．水素原子の場合には，$U = -e^2/4\pi\varepsilon_0 r$ であるが，この U を用いて (3.28) を解くと Bohr の理論による解 (3.10) と完全に一致することが知られている．

時間を含んだ波動方程式は，エネルギー E に対応する演算子

$$E = i\hbar \frac{\partial}{\partial t} \tag{3.29}$$

を用いて

$$i\hbar \frac{\partial \psi}{\partial t} = -\frac{\hbar^2}{2m} \Delta \psi \tag{3.30}$$

で与えられる．ここ$i = \sqrt{-1}$である．

4．波動関数の意味

　Bohrの理論では，電子は一定の半径の円周上にだけ存在したのに対して，Schrödinger方程式の解はこの円の内外に広がっている．電子は空間のどこかにあれば，その質量や電荷はすべてその点にあって，それ以外の場所には存在しない．すなわち電子は不可分の粒子である．波動関数が空間に分布していることと電子の不可分性との矛盾をどのようにして解決するか，この解答はBornによって次のように与えられた．すなわち粒子の波動関数を$\psi(x, y, z, t)$としたとき，時刻tにおいて空間のある点(x, y, z)に$dxdydz$という微小体積を考え，この中に粒子が存在する確率$p(x, y, z, t)$は，

$$p(x, y, z, t) dxdydz = |\psi(x, y, z, t)|^2 dxdydz \tag{3.31}$$

で与えられるというのである．もし定常状態ならばψはtによらないので，全空間に電子が存在する確率は，

$$\iiint |\psi(x, y, z)|^2 dxdydz = 1 \tag{3.32}$$

となる．このように波動関数は，単に粒子の統計的な行動を定めるのみと考える．

E．原子構造

1．電子軌道

　原子番号Zの原子では，Zeの電荷をもつ原子核のまわりをZ個の電子が回っている．量子力学で厳密に解けるのは水素原子($Z=1$)のときだけで，$Z \geq 2$の原子では厳密解は求められない．この場合には適当な近似方法で問題を処

理するが，そうして得られた原子構造の性質について簡単に述べる．

原子のエネルギー準位は，3種の数 $n\ l\ m$ の組で指定される．主量子数 n は，$n=1, 2, 3, ...$ の値をとり，電子軌道の大きさに相当する量である．方位量子数 l は電子の角運動量の大きさを表わし，n が与えられたとき $l=0, 1, ..., (n-1)$ である．ただし，上の数の代わりに s, p, d, f, ... と表わすことが多い．第3の量子数 m は磁気量子数とよばれるもので，磁場中で起こるスペクトル線の分岐（Zeeman 効果）を説明するために導入された．m は角運動量の成分に対応し，各 l に対し，$m=-l, -l+1, ..., l$ の $(2l+1)$ 個の値が許される．$n\ l\ m$ の決まった1つの状態は軌道とよばれることもある．量子力学では，電子は雲のように広がっていると考え，その分布は大体球殻状になっている．$n=1, 2, 3, 4...$ に対するこれらの球殻を，K殻，L殻，M殻，N殻，...という．

エネルギー準位は n と l だけに依存し，m によらない．それを E_{nl} とする．E_{nl} の値は，l が同じなら n の大きいほど，また n が同じなら l の大きいほど高くなる．たとえば，$E_{1s} < E_{2s} < E_{3s} < ...$，また $E_{3s} < E_{3p} < E_{3d} ...$ が成り立つ．しかし，nl の組に注目すると E_{nl} の大小関係は微妙で，たとえば $E_{3d} > E_{4s}$ である．これらの点に注意すると，エネルギー準位の大体の様子は図 3-4 のように表わされる．このうち，たとえば E_{2p} の状態では，同じエネルギーではあるが，

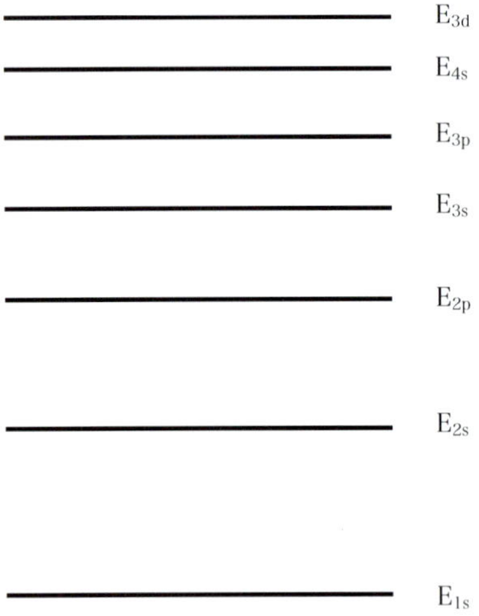

図 3-4. 原子のエネルギー準位

$m=-1,0,1$ に対応した 3 種の状態が可能である．こういったとき，E_{2p} の状態は 3 重に縮退しているという．同様に，E_{3d} の状態は，$m=-2,-1,0,1,2$ の 5 つの可能性があるので，5 重に縮退している．

2．Pauli の排他律

　原子構造を考察する際，Pauli の排他律とよばれる原理が重要である．すなわち，$n\ l\ m$ の決まった 1 つの軌道に入りうる電子の数は高々 2 個まで，と制限される．しかも，同じ軌道に 2 個入る場合には，電子のもつスピン（電子の自転に対応する自由度）は互いに逆向きでなければならない．この原理にしたがって，Z 個の電子を図 3-4 の下の方の準位から順につめていくと，原子全体としてエネルギー最低の状態（基底状態）が実現する．たとえば，$Z=2$ の He では，電子の配置は $(1\,s)^2$ と表わされる．同様に $Z=10$ の Ne では，$(1\,s)^2(2\,s)^2(2\,p)^6$ となる．次に，$Z=3$ の Li，$Z=11$ の Na では He，Ne の閉殻構造に，2 s，3 s の 1 個の電子がつけ加わった電子配置をもつ．このようにして，エネルギー準位図に基づき，各原子の周期律表における位置づけとか化学的な性質などを理解することができる．付表 3 に原子の基底状態の電子配置を示す．

4. 原子核

Summary

1. 原子番号 Z, 質量数 A の原子核は, Z 個の陽子と $N = A-Z$ 個の中性子とから構成される.
2. 放射性同位元素は, エネルギー的に不安定なため, 自然に放射線を放出して異なる元素に変化する. 放射能とはこの能力をいう.
3. 結合エネルギーとは, ばらばらの自由な核子が結合して核を形成したときの全体のエネルギーの減少を表わす.
4. 原子核の殻模型は, Z あるいは N が魔法の数 2, 8, 20, 28, 50, ... のとき, その核が安定であることを説明した.
5. 原子核反応によって放出されるエネルギーを Q 値という. $Q<0$ ならば吸熱反応, $Q>0$ ならば発熱反応といい, 吸熱反応が起こるには余分のエネルギーを必要とする.

A. 原子核の構成粒子

1932年Chadwickが，陽子とほぼ同じ質量をもち電気的に中性な中性子を発見したことが契機となり，原子番号Z，質量数Aの原子核はZ個の陽子と$N=A-Z$個の中性子とから構成される，という考えが確定した．質量数Aは核の中の核子（陽子と中性子）の総数である．AとZで指定されるおのおのの原子核のことを核種とよぶ．核種の記法として，質量数Aを元素記号の左上に，原子番号Zを左下に添える．たとえば，${}^{16}_{8}O$，${}^{58}_{28}Ni$，${}^{238}_{92}U$．中性子数Nをとくに表わす場合には，${}^{16}_{8}O_8$，${}^{58}_{28}Ni_{30}$，${}^{238}_{92}U_{146}$のように右下に添える．現在約300種類の安定な核種があり，不安定（放射性）核まで入れると約1,700個の核種の存在が分かっている．

核種の分類で特徴のあるものを挙げると，

① 同位核（isotope），Zが同じ，たとえば${}^{20}_{10}Ne$，${}^{21}_{10}Ne$，${}^{22}_{10}Ne$
同位体あるいは同位元素ともいう．原子番号つまり核外の電子数や電子配置が等しいので，化学的性質は同じである．放射性同位元素は，エネルギー的に不安定なため，自然に放射線を放出して異なる元素に変化する．放射能とはこの能力をいう．

② 同重核（isobar），Aが同じ，たとえば${}^{3}_{1}H$，${}^{3}_{2}He$

③ 同中性子核（isotone），Nが同じ，たとえば${}^{15}_{7}N_8$，${}^{16}_{8}O_8$

④ 核異性体（isomer），Z，Nが同じ，たとえば${}^{99m}_{43}Tc$

陽子と中性子は電荷の有無に関係なく等しく核力に寄与する．また，核の密度は一定である．次に述べる結合エネルギーの飽和性は，1個の核子と相互作用する核子の数が限られていることを示す．以上のことから，核子間にはたらく力（核力）は化学結合におけると同様に交換力であり，10^{-15}m程度に接近したときにはたらく近距離力であると推定される．

B. 原子核の結合エネルギー

まず，原子質量単位（u）とエネルギー（MeV）との関係をみておく．定義より，${}^{12}C$原子は12uである．そのグラム原子量は12gなので，

$$1\,\text{u} = 1/(6.022\times 10^{23}) = 1.6605\times 10^{-27}\,\text{kg} \quad (4.1)$$

これと Einstein の関係式より 1 u は 931.5 MeV に相当する．もし，質量が ΔM だけ失われると，解放されるエネルギー Q は $(\Delta M)c^2$ となる．

A および Z で指定される中性原子の質量を $M(A, Z)$，水素原子の質量をそれぞれ M_H とすると，電子の結合エネルギーを無視する近似において，

$$B = \{ZM_\text{H} + (A-Z)M_\text{n} - M(A, Z)\}c^2 = \Delta M c^2 \quad (4.2)$$

を核種 (A, Z) の全結合エネルギー，ΔM を質量欠損という．原子質量単位で表わせば，$M_\text{H} = 1.007825\,\text{u}$，$M_\text{n} = 1.008665\,\text{u}$ である．同じ B を求めるのに (4.2) とは異なる表現法がある．質量 M と整数の質量数 A を用いて

$$\Delta = M - A \quad (4.3)$$

で定義される量で，これを質量偏差といい，MeV 単位で表わす．定義より ^{12}C に対しては $\Delta = 0$ となる．もし質量偏差 Δ の表があれば，そのつど (4.2) による実際の質量を計算する必要がなくなり，放射性壊変の際に解放されるエネルギーの算出などに便利である．Turner の教科書[5]には安定同位体のみならず放射性同位体についての質量偏差 Δ の表が載っている．付表 5 に次章で用いるデータを示す．

B は，ばらばらの自由な核子が結合して核を形成したときの全体のエネルギーの減少，あるいは核子が相互に力を及ぼし合いながら原子核として結合する際放出するエネルギーである．一例として ^4He 原子について B を求めると，

$$B = [(2\times 1.007825 + 2\times 1.008665) - 4.002603]\times 931.5 = 28.30\,\text{MeV} \quad (4.4)$$

となる．ふつう化学反応のエネルギーは数 eV に過ぎない．これに対して ^4He では，原子核を構成する核子の結合に化学反応の場合の 1,000 万倍ものエネルギーが使われていることが分かる．

B/A を核子 1 個当たりの結合エネルギーという．安定な核種の B/A の値を，A の関数としてプロットしたのが図 4-1 である．軽い核を除く $A \gtrsim 40$ 程度の核種においては，核子 1 個当たりの結合エネルギーがほぼ一定で，$B/A \sim 8$ MeV となる．これを結合エネルギーの飽和性という．$A = 55 \sim 60$ の原子核では結合エネルギーがもっとも大きく安定である．実際，地球の中心部が鉄やニッケルから構成されていることと関係がある．また，不安定な原子核をより安定な原子核に変換すると，ばく大なエネルギーが解放される．1 つには水素の同位

体からHeの原子核をつくる核融合であり，もう1つはUのような重い核を2つの軽い核に壊す核分裂である．

C. 原子核のモデル

1．液滴模型

　適当なモデル（模型）に基づき，原子核の諸性質を総合的に説明しようとする試みがなされてきた．比較的古くから提案されている代表的モデルの1つが液滴モデル liquid drop model である．これは，原子核の密度および核子1個当たりの結合エネルギーの飽和現象が，液滴のもつ性質に似ていることから考えられた．ここで結合エネルギーは液体の分子間力に相当する．

　図4-1の極大から左側の核で，軽くなるほど結合エネルギーが減少するのは，液滴が小さくなるほど表面積が減って，表面張力のエネルギーが低下するのに対応づけられる．極大から右側でなだらかに減少するのは，核に含まれる陽子数が増すので，それらの間の静電的反発が増加するためと考える．それと，中性子が多くなりすぎても結合エネルギーが弱くなる．

　原子核反応や核分裂反応に対しても，液滴モデルはよい対応を示す．入射粒

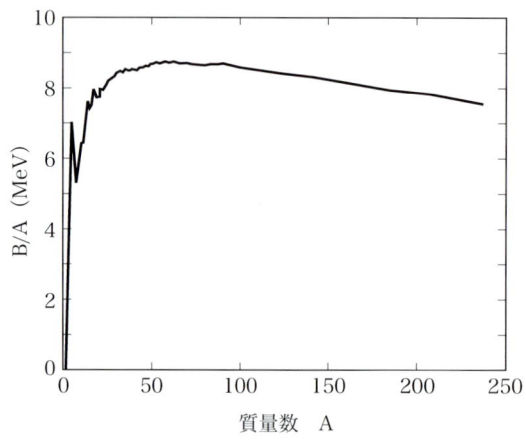

図 4-1．核子1個当たりの平均結合エネルギー

子が原子核内に入ると，そのエネルギーが核内の温度を上昇させ，蒸発と同様に核内から粒子が放出される．また，核分裂も大きな水滴にエネルギーが与えられるとき，真ん中付近がくびれて2つの水滴にちぎれる現象に擬せられる．

1938年WeizäckerとBetheはこのモデルをより精密化し，$A>15$の中性原子の質量$M(A, Z)$を，ZとAおよび$(N_\mathrm{p} - N_\mathrm{n})$の奇偶性によって表わす半実験的質量公式を提案した．

$$M(A, Z) = ZM_\mathrm{H} + (A-Z)M_\mathrm{n} - a_\mathrm{v}A + a_\mathrm{s}A^{2/3} + a_\mathrm{c}\frac{Z^2}{A^{1/3}} + a_\mathrm{a}\frac{(A/2-Z)^2}{A} + \delta(A, Z) \quad (4.5)$$

ここでa_v, a_s, a_aおよび$\delta(A, Z)$は，質量Mの実測値に最もよく合うように決めることになる．これによって，β壊変に対する核種の安定性が推定できた．

2．殻模型

殻模型 shell model という考えの発端は，核構造における閉殻 (closed shell) という現象を示唆する多数の実験事実の蓄積にあった．すなわち，核の陽子数Zあるいは中性子数Nが，2, 8, 20, 28, 50, 82, 126 である場合，その核は特に安定な状態にある．したがって，核はZあるいはNがこれらの数に等しいとき閉殻を形成するものと考えられ，上記の数を魔法数 (magic number) とよぶ．液滴模型ではこの魔法数を説明できなかった．

この問題を解決するために考えられたのが殻模型である．とびとびの値をとる魔法数は，核外電子が希ガス型の閉殻構造をとる原子が化学的に安定であることを思い出させる．したがって，原子の電子軌道のエネルギー準位をある量子数の組によって指定し，エネルギー準位の低い軌道から電子を充塡していくと基底状態の電子配置が得られる，という方法が原子核に対しても適用された．このモデルでは核内の核子間に働く核力を平均のポテンシャルで置き換え，各粒子はその中で独立に運動していると仮定する．1949年MayerとJensenは，これにスピン軌道結合ポテンシャルを追加することによって，みごとにすべての魔法数を閉殻として説明することに成功した．MayerとJensenが仮定したポテンシャルは，

$$V(r) = V_0(r) + f(r)\,\boldsymbol{L}\cdot\boldsymbol{S} \quad (4.6)$$

というものである．$V_0(r)$は核半径程度の幅をもつ調和振動子型ポテンシャル

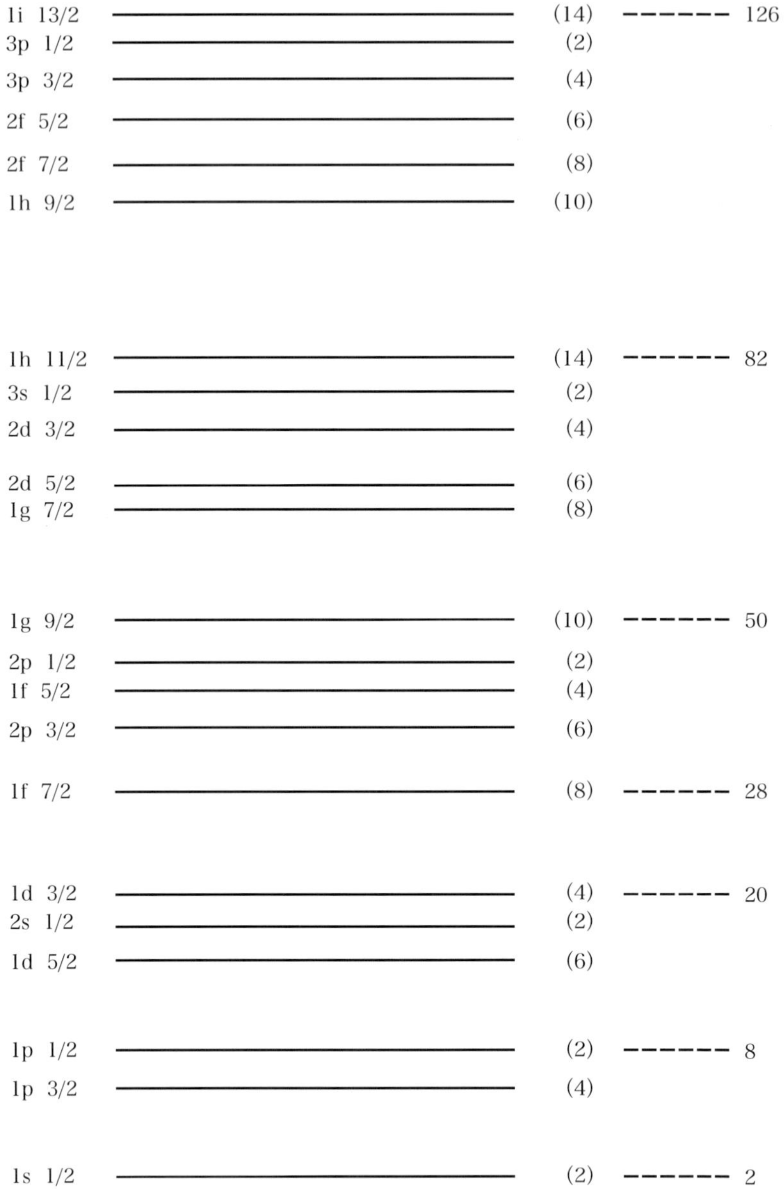

1i 13/2	————————————	(14)	------ 126
3p 1/2	————————————	(2)	
3p 3/2	————————————	(4)	
2f 5/2	————————————	(6)	
2f 7/2	————————————	(8)	
1h 9/2	————————————	(10)	
1h 11/2	————————————	(14)	------ 82
3s 1/2	————————————	(2)	
2d 3/2	————————————	(4)	
2d 5/2	————————————	(6)	
1g 7/2	————————————	(8)	
1g 9/2	————————————	(10)	------ 50
2p 1/2	————————————	(2)	
1f 5/2	————————————	(4)	
2p 3/2	————————————	(6)	
1f 7/2	————————————	(8)	------ 28
1d 3/2	————————————	(4)	------ 20
2s 1/2	————————————	(2)	
1d 5/2	————————————	(6)	
1p 1/2	————————————	(2)	------ 8
1p 3/2	————————————	(4)	
1s 1/2	————————————	(2)	------ 2

図 4-2. 殻模型のエネルギー準位

と井戸型ポテンシャルの中間の形をもっているとする．これよりエネルギー準位を求め，さらに右辺の第2項のスピン軌道結合力による準位の分離も考慮すると，図4-2のような準位が得られる．$f(r)$は負の値をとるので$I=L+1/2$の準位の方が$I=L-1/2$の準位よりエネルギーが低くなっている．各準位は$1s_{1/2}$のように主量子数 n，軌道角運動量 L，全角運動量 I で表わされている．1つの準位に入りうる同種類の粒子数は$2I+1$で，この値は各準位の右側の（　）内に示してある．これらの準位に下から核子を詰めていったとき，全核子数が2, 8, 20, …になったときに満たされる準位$1s_{1/2}$, $1p_{1/2}$, $1d_{3/2}$, …などの準位はその上の準位とのエネルギー間隔が大きく，原子の殻の場合と同様に閉殻を作る．

3．集団模型

　核の電気4重極モーメントなど，殻模型では説明できない現象も残された．これは核内の電荷および電流分布によって決定される量である．したがって，これによって核の大きさ，形，密度などを知ることができる．たとえば陽子の分布が球対称ならば電気4重極モーメント$Q=0$になる．1953年 A. Bohr と Mottelson は，閉殻がそもそも球対称からゆがんで，核全体が回転楕円体に変形している，という集団模型 collective model を提唱した．この変形した核は，外部からエネルギーを与えると，回転楕円体の対称軸に直角な軸のまわりに回転する．その結果，量子化された剛体のコマの回転準位が現れるはずである．Bohr-Mottelson 理論によって計算した電気4重極モーメントおよび回転帯とよばれる励起準位はそれらの実験値とよく一致した．さらに，核を体積一定の非圧縮性の核物質と仮定すれば，その表面振動による励起モードが考えられる．この現象も集団模型によって説明することができた．

4．核磁気共鳴

　陽子および中性子はいずれも$(1/2)\hbar$の大きさの自転を表わす固有角運動量（スピン）をもっている．またこれら核子の核内における軌道運動によって生ずる軌道角運動量の大きさは，$\hbar$を単位とした整数値である．したがってL, Sをそれぞれ核子の軌道角運動量の和およびスピンの和とすると，原子核の全角運動量，すなわち核のスピン I は，

$$I = L + S \tag{4.7}$$

となる．したがって核子の数 A が偶数ならば I の大きさは $\hbar$ の 0 または整数倍，A が奇数ならば $\hbar$ の半整数倍となる．

　スピンを有する原子核は小さな 1 つの磁石と同じであり，核の磁気モーメント μ をもつ．μ は次式で表わされる．

$$\mu = g\mu_N I \tag{4.8}$$

ここで g を核 g 因子という．また μ_N は核磁子とよばれ，陽子に対する Bohr 磁子で，磁場をテスラで表わすと，

$$\mu = \frac{e\hbar}{2M_p c} = 5.0508 \times 10^{-27} \quad \text{J T}^{-1} \tag{4.9}$$

で与えられる．磁気モーメントの向きは外部に磁場がないときはランダムな方向を向いている．いま外部から一様な静磁場 H を z 方向にかけたとする．μ は (4.8) 式によって核スピン I で表わされるから，核のエネルギー準位は H のために Zeeman 分岐を起こし，I の z 成分を m とすると $m = I, I-1, …, -I$ の等間隔な $2I+1$ 個の準位に分かれる．すなわち各エネルギー準位を $U_H(m)$ とすると

$$U_H(m) = -g\mu_N H m = -\hbar\omega_L m \tag{4.10}$$

となる．ここで $\omega_L = g\mu_N H/\hbar$ は Larmor 周波数であり，古典的描像ではベクトル μ が H を軸として歳差運動をするときの回転周波数である．図 4-3 に歳差運動の様子とエネルギー準位の分岐を示す．$\mu = \gamma \hbar I$ で定義される磁気回転比 γ を用いて ω_L を，$\omega_L = \gamma H$ と書くこともある．一定磁場 H のほかに周波数 ω の振動磁場をかけると，$\omega = \omega_L$ のとき共鳴が起こり，μ の向きが変化する．2 つの準位 $U_H(m)$ と $U_H(m')$ のエネルギー差が，振動磁場で供給されるエネルギー $\hbar\omega$ に等しいとき，

$$\hbar\omega = g\mu_N H |\Delta m| = \hbar\omega_L |\Delta m|, \quad |\Delta m| = m - m' \tag{4.11}$$

であるときに準位間の転移が起こって μ の向きが変わる．

　Purcell らによって開発された核磁気共鳴法 NMR (nuclear magnetic resonance) は (4.11) の関係を利用するものである．NMR の原理図を図 4-4 に示した．L および C（可変）で決まる周波数 ω で同調した同調回路のコイルに，適当な試料（たとえばアンプルに入れた液体）を挿入しておき，一様磁場 H 中に入れる．C すなわち ω を変えていくと，(4.11) をみたす周波数 $\omega = \omega_L$ の付

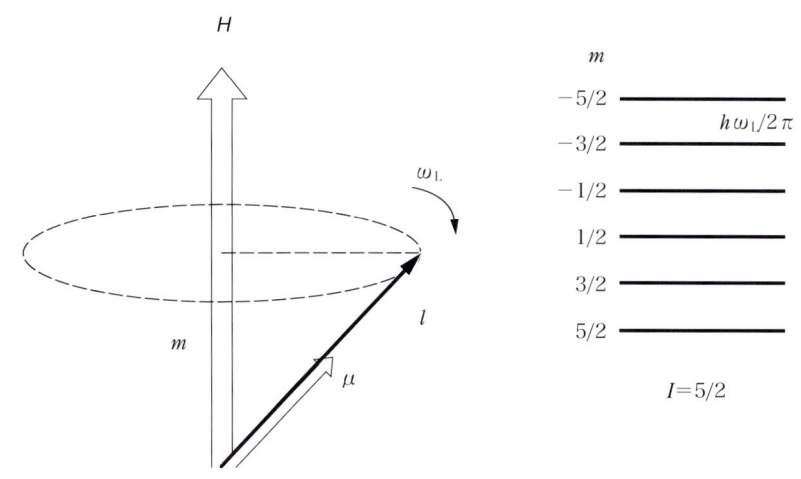

図 4-3. 磁気モーメント μ の H のまわりの歳差運動とエネルギー準位の分岐（$I=5/2$）の例

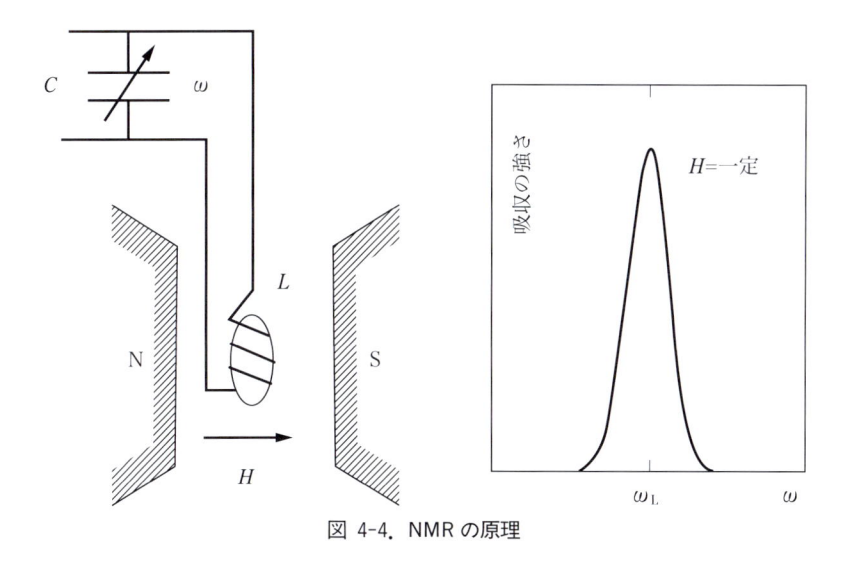

図 4-4. NMR の原理

近で共鳴吸収のためコイルのインピーダンスに変化が生じる．このときの ω と H の値から g が分かる．磁気共鳴像法 MRI（magnetic resonance imaging）はこの NMR 法と，X 線 CT と同じような投影法と画像再構成法を利用して体

内断層像を得ている．

D．原子核反応

1．核反応の性質

　原子核反応あるいは単に核反応とは，原子核にいろいろな粒子が衝突したとき，この両者つまり標的核と入射粒子の間の相互作用によって生じるさまざまな現象の総称である．原子核研究や核変換など種々の目的をもって，陽子，重陽子，α 粒子，中性子，重イオンを入射粒子とする核反応が広く行われている．また電子や光子による核反応もある．入射粒子 a が標的核 A と相互作用して，新たに粒子 b が放出され，残留核 B が生じる核反応を a+A → B+b あるいは A(a,b)B と書く．最初の核反応は 1919 年 Rutherford により行われた実験で，α 粒子を窒素原子に衝突させたところ，酸素原子と陽子が生成された．これは ^{14}N$(\alpha,$p$)^{17}$O と表わされる．

　標的核と入射粒子との相互作用によって生じる現象には，標的核の他核種への変換を伴うものもあるし，核種は変わらないが標的核の内部状態の変化を伴うもの（非弾性散乱）もあり，また最も簡単な場合には標的核の内部状態も変わらず，単に標的核との接触による入射粒子の進行方向の変化で特徴づけられるもの（弾性散乱）もある．反応機構の違いから，直接反応とか複合核反応に分類することもある．このような核反応の結果として，一般に 1 個あるいは数個の粒子が放出され，あとに残留核とよばれる原子核が残される．残留核は基底状態にも励起状態にも作られることが可能で，励起状態に作られたときには，残留核はふつう γ 線を放出してより低い状態に移っていく．

2．核反応の断面積

　ターゲットに入射した粒子のすべてが核反応を起こすわけではない．たとえば，3 MeV の陽子で Li の厚いターゲットを衝撃した場合，実際に起こる ^{7}Li(p,α)^{4}He 反応はターゲットに打ち込んだ陽子 2,000 個当たり約 1 回の割合である．もし核反応を起こしても，反応の結果としてこの型の反応だけが現れるわけではなく，一般に多くの異なった現象が生じ，特定の反応はある一定の確率

をもって現れるにすぎない．この確率を断面積 cross section という．

いま，問題にしている核反応を起こす原子核を n m^{-3} の密度で含む薄いターゲット（体積 V m^3）が，均一な入射粒子の流れの中におかれているとする．入射粒子の粒子フルエンス率を ϕ m^{-2}s^{-1} とすると，単位時間に起こる核反応の数 N s^{-1} は次式で与えられる．

$$N = \sigma \phi n V \tag{4.12}$$

σ は比例定数であって，これを断面積 cross section とよび，反応が起こる確率を表わす．単位は m^2 あるいはバーン b（1 b = 10^{-28}m^2）である．特定の型だけに限る場合，部分断面積といい，起こり得るすべての核反応断面積の和を全断面積という．断面積の値は単純な幾何学的面積とは異なり，入射エネルギーやターゲットの原子核構造に依存する．しかし，およその値はターゲットのサイズから推定できる．核反応においては，原子核の直径が 10^{-15}m 程度であることから大体 10^{-30}m^2 程度である．一方，原子衝突の場合は，原子の大きさの2乗のおよそ 10^{-20}m^2 ということになる．

核反応からの放出粒子が，空間にどのように分布するかを記述するために，微分断面積 $d\sigma(\theta)/d\Omega$ を定義する．単に $\sigma(\theta)$ と記すこともある．θ は入射ビームの向きと放出粒子の運動の向きとの間の角で，散乱角という．微分断面積は，θ 方向のまわりの小さな立体角 $d\Omega = \sin\theta d\theta d\phi$ の中へ反応によって放出される確率を表わし，単位は b sr^{-1} である．ここで sr は単位立体角を表わす．

3．核反応の閾値

標的核 X に粒子 a をぶつけると残留核 Y になり，粒子 b が飛び出す

$$X + a \rightarrow Y + b \quad \text{または} \quad X(a,b)Y \tag{4.13}$$

なる反応を考える．ここで a，b は p, d, α などである．反応によって放出されるエネルギーの値を，反応の Q 値と呼ぶ．$Q<0$ ならばエネルギーの吸収が起こったことになり，これを吸熱反応とよび，$Q>0$ の反応を発熱反応という．したがって（4.13）は，

$$X + a \rightarrow Y + b + Q \tag{4.14}$$

と書ける．吸熱反応が起こるには余分のエネルギーを必要とする．反応の閾エネルギーを計算するために，簡単のため正面衝突を仮定する．質量 M_a の粒子が最初静止している質量 M_X のターゲットに当たる．衝突後，M_Y と M_b になったと

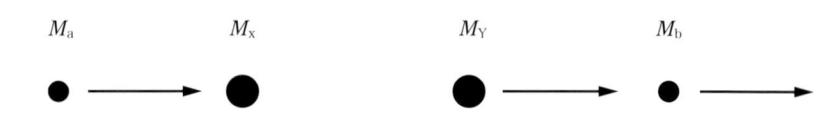

図 4-5. 核反応 X (a, b) Y. 正面衝突とする.

する. 図 4-5 にこの様子を示す. 静止エネルギーの変化は,
$$Q = M_a + M_X - (M_b + M_Y) \quad (4.15)$$
Q は吸熱反応においては負である. 全エネルギーは保存するので,
$$E_a = E_Y + E_b - Q \quad (4.16)$$
ここで, E_a, E_Y, E_b は運動エネルギーである. また, 運動量保存則より
$$p_a = p_Y + p_b \quad (4.17)$$
閾エネルギー E_a を計算するために, これらの式から E_Y または E_b を消去すればよい. E_b を消去する. $E_b = p_b^2 / 2M_b$ の関係より,
$$E_b = \frac{1}{2M_b}(p_a - p_Y)^2 \quad (4.18)$$
$p_a = (2M_a E_a)^{1/2}$ と $p_Y = (2M_Y E_Y)^{1/2}$ を代入すれば
$$E_b = \frac{1}{M_b}\left[M_a E_a - 2\sqrt{M_a M_Y E_a E_Y} + M_Y E_Y \right] \quad (4.19)$$
これを (4.16) に代入して, 整理すると
$$E_Y - \frac{2\sqrt{M_a M_Y E_a}}{M_Y + M_b}\sqrt{E_Y} - \frac{(M_b - M_a)E_a + M_b Q}{M_Y + M_b} = 0 \quad (4.20)$$
これは $(E_Y)^{1/2}$ についての二次方程式であり,
$$E_Y - 2A\sqrt{E_Y} - B = 0 \quad (4.21)$$
の形になる. この解は
$$E_Y = B + 2A^2\left(1 \pm \frac{1}{A}\sqrt{A^2 + B}\right) \quad (4.22)$$
E_Y が実数であるためには, $A^2 + B \geq 0$ が必要であり, これから
$$E_a \geq -Q\left(1 + \frac{M_a}{M_Y + M_b - M_a}\right) \quad (4.23)$$

E_a の最小エネルギーが閾エネルギー E_{th} であるから，

$$E_{th} = -Q\left(1 + \frac{M_a}{M_Y + M_b - M_a}\right) \tag{4.24}$$

（例）$^{32}S(n,p)^{32}P$ の E_{th}．

この反応の Q 値は（4.15）に付表5の質量偏差を代入して，

$Q = 8.0714 - 26.013 - (7.2890 - 24.303) = -0.9276$ MeV

である．これから $E_{th} = 0.9276 \ (1+1/32) = 0.957$ MeV が得られる．

正荷電入射粒子の場合は，反応を起こすには Coulomb 斥力に打ち勝たなければならない．たとえば，$^{14}N(\alpha,p)^{17}O$ は $Q = -1.19$ MeV で，$E_{th} = 1.53$ MeV となる．しかし，α 粒子と窒素核間の Coulomb 障壁は 3.9 MeV なので，実際の閾値は 4.6 MeV になる．また，$Q > 0$ であっても同様のことがいえる．入射粒子をある程度加速しなければならない．入射粒子が中性子の場合は Coulomb 斥力が働かないので，容易にターゲット内に入って，(n,γ)，(n,p)，(n,α) 反応などを起こす．

E. 核分裂反応

1938年 Hahn と Strassmann は，天然のウラニウム U（$Z=92$）に遅い中性子をぶつけた際に生ずる放射性同位元素を調べて，その中に Ba（$Z=56$）の同位元素が存在することを確認した．Meitner と Frish はこの現象を，U が中性子の作用で Ba と Kr（$Z=36$）のような2個の核に分裂したと解釈し，核分裂と名づけた．

U 領域（$A \sim 240$）では $B/A \sim 7.6$ MeV であり，分裂生成物を $A \sim 120$ とするとこの領域では $B/A \sim 8.5$ MeV である．よって1回の核分裂によって解放されるエネルギーは $240(8.5-7.6) = 210$ MeV 程度と考えられる．この大部分は2個の分裂破片の運動エネルギーとなる．また，天然のUのうち 0.72% だけ含まれている ^{235}U が，遅い中性子によって核分裂を起こすことが分かった．99.27%を占める ^{238}U は，遅い中性子では核分裂を起こさない．ただし約 1 MeV 以上の速い中性子によっては核分裂を起こす．

遅い中性子による分裂生成物は，図4-6の質量分布が示すように真二つに割れる確率は少なく，非対称の質量分布を示す．分裂破片は一般に中性子過剰で

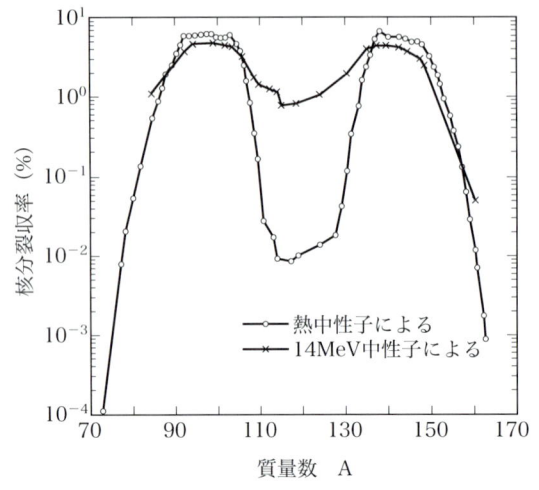

図 4-6. ^{235}U の分裂生成物の質量分布

表 4-1. ^{235}U の核分裂エネルギーの平均的な配分

分裂破片の運動エネルギー（$A\sim 96$, $A\sim 140$）	165 ± 5 MeV
分裂中性子の運動エネルギー（2〜3 個）	5 ± 0.5
即発の γ 線エネルギー（〜5 本）	6 ± 1
分裂生成物からの β 線のエネルギー（〜7 本）	8 ± 1.5
分裂生成物からの γ 線のエネルギー（〜7 本）	6 ± 1
分裂生成物からのニュートリノのエネルギー	12 ± 2.5
核分裂の全エネルギー	202 ± 6 MeV

あるので，次々に β^- 壊変して最後に安定核に達する．また分裂に際して，何個かの中性子が放出されることも確かめられた．この事実は核分裂の連鎖反応の見地からきわめて重要である．1 回の核分裂によって解放される約 200 MeV のエネルギーの担い手を表 4-1 に示す．核分裂片からすぐ飛び出してくる中性子には，分裂後直ちに（〜10^{-12}s）飛び出す即発中性子のほかに，1 秒から 1 分程度遅れて出る遅発中性子がある．

遅い中性子で ^{235}U が分裂すると，平均 $\nu=2.47$ 個の中性子が放出される．$\nu\geq 1$ であることは，中性子を仲立ちとして次から次へと核分裂の起こることの可能性を意味し，これを連鎖反応とよぶ．もし図 4-7 (a) のように 2 個以上の中

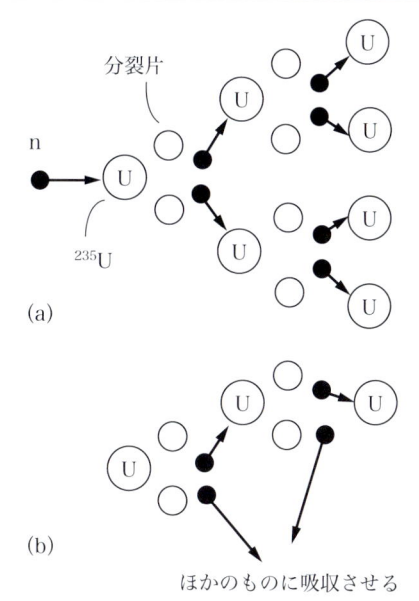

図 4-7. (a) 爆発的連鎖反応，(b) 制御された連鎖反応

性子が放出され，かつ全部 ^{235}U に吸収されるとすれば，連鎖反応はたちまちねずみ算的に増殖して原子爆弾となってしまう．われわれが核分裂エネルギーを制御可能なエネルギー源として利用するためには，(b) 図のように常に 1 個の中性子により激増させることなく，しかもとぎれることなくいつも同じ割合で連鎖反応を起こさせる必要がある．これが原子炉の中での制御された連鎖反応である．

F. 核融合反応

軽い核から中位の核へ変化する反応が核融合で，この場合も核エネルギーが解放される．最も能率のよいと考えられる核融合反応は，

$$^2D + {}^2D \longrightarrow {}^3He + n + 3.27 \text{ MeV},$$
$$^2D + {}^2D \longrightarrow {}^3T + p + 4.03 \text{ MeV}, \tag{4.25}$$

さらにこのトリチウム ^{3}T を使った

$$^2\text{D} + {}^3\text{T} \longrightarrow {}^4\text{He} + \text{n} + 17.58 \text{ MeV} \tag{4.26}$$

である．地球上の水に含まれる重水 (0.017%) を燃料に使えば，ほとんど無尽蔵なエネルギー源となりうる．われわれにとって大事なことは制御された核融合でなければならない，という点である．きわめて多数の核に発熱反応を起こさせ，かつそれを持続させるために熱核反応を起こさせる．すなわちきわめて高温にすることができれば，物質中の核は熱エネルギーをもって互いにかなりの高速で衝突し合い，核反応が起こる．この際，Coulomb障壁の低いほど核反応の起こる確率が高まるので，Z が小さい反応ほど有効である．

ところで，熱運動の平均エネルギーは kT であって，これが 1 keV であるためには $T = 1.16 \times 10^7$ K の高温になる．いかにして $10^7 \sim 10^9$ K という高温をこの地上で維持するかという問題は未解決である．このような高温では，物質は高度に電離した気体すなわち高温プラズマになっている．将来の核融合をめざして，プラズマの基礎的研究が各国で行われている．

太陽の放射するエネルギーの源は，

$$\begin{aligned} {}^1_1\text{H} + {}^1_1\text{H} &\longrightarrow {}^2_1\text{H} + e^+ + \nu \\ e^+ + e^- &\longrightarrow 2\,\gamma \\ {}^2_1\text{H} + {}^1_1\text{H} &\longrightarrow {}^3_2\text{He} + \gamma \\ {}^3_2\text{He} + {}^3_2\text{He} &\longrightarrow {}^4_2\text{He} + 2\,{}^1_1\text{H} \end{aligned} \tag{4.27}$$

の核融合反応によると考えられている．(4.27) を整理すると

$$4\,{}^1_1\text{H} + 2\,e^- \longrightarrow {}^4_2\text{He} + 2\,\nu + 6\,\gamma \tag{4.28}$$

と書けるので，結局 4 個の陽子から ${}^4_2$He ができることになり，そのとき約 27 MeV のエネルギーが γ 線などとして放出されることになる．

5. 放射能

Summary

1. 原子核がより安定な状態に転移する過程を原子核の壊変とよび，余分のエネルギーは種々の放射線の形で放出される．
2. 壊変の際に放出される放射線は α, β^-, β^+, γ, 内部転換電子などである．軌道電子捕獲は特性 X 線と Auger 電子の観測によって検知される．
3. 放射能 (単位 Bq) は時間の関数として指数的に減衰する．放射能が半分に落ちる時間を半減期という．
4. 親核と娘核の半減期を T_1, T_2 とすると，$T_1 \gg T_2$ のとき永続平衡，$T_1 \geqq T_2$ のとき過渡平衡が成立する．
5. ^{222}Rn は公衆が受ける自然放射線による被曝線量のうち，67% を占める．

A. 放射性壊変の種類

　原子核がある状態にあるとき，それよりもエネルギーの低いより安定な状態があれば，この原子核はある確率で安定な状態に転移する．この過程を原子核の壊変とよび，余分のエネルギーは種々の放射線の形で放出される．壊変前の核を親核，壊変後の核を娘核という．ここではそれぞれ P，D で表記する．

1. α 壊変

　$Z≧83$ の重い元素のほとんどは自然に ^{4}He の原子核である α 線を放出する．これは原子核の Coulomb ポテンシャル障壁より低いエネルギーを持った α 粒子であっても，トンネル効果によって核外に飛び出すことができるからである．図 5-1 に α 粒子に対する核のポテンシャルとトンネル効果を模式的に示した．Coulomb ポテンシャル $U(r)$ は，

$$U(r) = \frac{2Ze^2}{4\pi\varepsilon_0 r} \tag{5.1}$$

である．いま，$r=1\times10^{-12}$cm，$Z=85$ のときの障壁の高さを計算すると $U≒25$ MeV になって，ふつう数 MeV の α 線エネルギーよりもはるかに大きい．古典的な考え方では到底 α 線は核外に飛び出せないことになる．これは

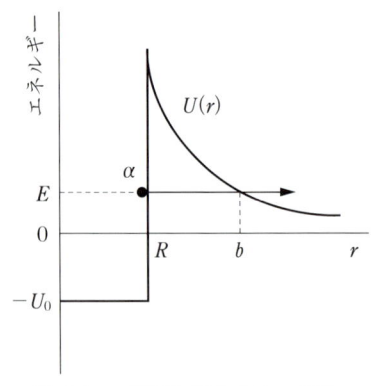

図 5-1. α 粒子に対する核のポテンシャルエネルギー

Gamow, Gurney-Condon の量子力学によるトンネル効果理論で解決された．量子力学的計算によれば，透過率 P は，

$$P = e^{-G}, \qquad G = \frac{2}{\hbar} \int_R^b \sqrt{2\, m_\alpha (U(r) - E)}\, dr \qquad (5.2)$$

となって，ゼロにはならないことが導かれる．ただし，$r = R$，b は粒子がポテンシャルの山とぶつかる距離である．

^{226}Ra を例にとって α 壊変を説明する．

$$^{226}_{88}\mathrm{Ra} \longrightarrow {}^{222}_{86}\mathrm{Rn} + {}^{4}_{2}\mathrm{He} \qquad (5.3)$$

この壊変において解放されるエネルギー Q は，ラジウム Ra, ラドン Rn およびヘリウム He の核の質量の差である．

$$Q = M_\mathrm{Ra} - M_\mathrm{Rn} - M_\mathrm{He} \qquad (5.4)$$

(4.3) の質量偏差 Δ で表わせば，

$$Q = \Delta_\mathrm{P} - \Delta_\mathrm{D} - \Delta_\mathrm{He} \qquad (5.5)$$

付表 5 より $Q = 23.69 - 16.39 - 2.42 = 4.88$ MeV となる．

このエネルギーは α 粒子と反跳されるラドンに配分される．最初ラジウムは静止しているので，ラドンと α 粒子は運動量の大きさが等しく，方向は反対になる．M, m をそれぞれの質量，V, v を初速度とすると，$mv = MV$ になる．また，エネルギー保存則より，

$$\frac{1}{2} mv^2 + \frac{1}{2} MV^2 = Q \qquad (5.6)$$

これらの式より，それぞれのエネルギーは，

$$E_\alpha = \frac{MQ}{m+M}, \qquad E_\mathrm{N} = \frac{mQ}{m+M} \qquad (5.7)$$

となり，$E_\alpha = 4.79$ MeV で E_N はわずかに 0.09 MeV である．このように α 粒子は決まった離散的エネルギーをもつことが分かる．図 5-2 に $^{226}_{88}$Ra の壊変図を示す．全壊変数の 5.5% は ^{222}Rn の基底状態ではなく，0.186 MeV の励起状態に遷移する．この場合の Q 値は，

$$Q = \frac{(m+M) E_\alpha}{M} = 4.68 \text{ MeV} \qquad (5.8)$$

になる．

核の励起状態は原子と同様，光子放出によって壊変する．原子核から出る光

図 5-2. ^{226}Ra の壊変図

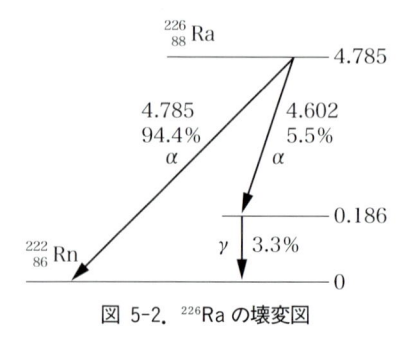

子を γ 線とよび,そのエネルギーは数 10 keV から数 MeV の範囲である.図 5-2 では,186 keV の γ 線が放出される.一方,放出の確率に注目すると,この励起状態への α 遷移確率 5.5% に対して,γ 線遷移は 3.3% であり 2.2% だけ小さくなっている.この分がどこに消えたかというと,核の励起状態が K 殻あるいは L 殻の軌道電子を放出して壊変したからである.これを内部転換といい,光子放出の競合過程である.原子核から直接的には放出されない放射線(たとえば内部転換電子とか Rn X 線など)は壊変図では描かれない.

高いエネルギーの α 粒子は比較的短半減期の放射性核種から生じることが分かっている.空気中における α 粒子の飛程 R と半減期 T の間には,Geiger-Nuttall の経験則がある.

$$-\ln T = a + b \ln R \tag{5.9}$$

a, b は実験値より決められる定数である.

2. β^- 壊変

β^- 壊変においては,電子あるいは負 β 粒子 $_{-1}^{0}\beta$ と反ニュートリノ $_{0}^{0}\bar{\nu}$ が同時に放出される.反ニュートリノはニュートリノ $_{0}^{0}\nu$ の反粒子であり,電荷を持たず,質量はないかあっても 30 eV 以下といわれている.β 壊変の例として ^{60}Co を考える.

$$_{27}^{60}\text{Co} \longrightarrow {}_{28}^{60}\text{Ni} + {}_{-1}^{0}\beta + {}_{0}^{0}\bar{\nu} \tag{5.10}$$

この場合,各原子核の質量を N の添字をつけて表わし,電子質量を m とすれば Q 値は,

$$Q = M_{\text{Co,N}} - (M_{\text{Ni,N}} + m) \tag{5.11}$$

Ni 原子は Co 原子より 1 個だけ多い電子を持つ．したがって，Q は単に ^{60}Co 原子と ^{60}Ni 原子の質量の差に等しい．よって解放されるエネルギー Q は，

$$Q = \Delta_P - \Delta_D \tag{5.12}$$

となり，質量偏差の表より $Q = -61.651-(-64.471) = 2.820$ MeV が得られる．このエネルギーが β 粒子と反ニュートリノと ^{60}Ni 反跳核に分割される．反跳核へのエネルギーは無視できるので結局，

$$E_{\beta^-} + E_{\bar{\nu}} = Q \tag{5.13}$$

となる．左辺はそれぞれの初期運動エネルギーである．E_β と $E_{\bar{\nu}}$ は (5.13) の条件の下で，ともに 0 から Q までの値をとることができる．これから β 粒子のエネルギースペクトルは，線スペクトルであった α 粒子と異なり，$0 \leq E_\beta \leq Q$ の間で連続スペクトルになる．Fermi の理論によれば，β 粒子のエネルギースペクトルの相対的な形は次式で与えられる．

$$\frac{dn}{dT} \propto (Q-T)^2 (T+mc^2) \sqrt{T(T+2mc^2)} \tag{5.14}$$

ここで $dn = \beta$ 粒子の相対強度

$T = \beta$ 粒子の運動エネルギー

$m = $ 電子質量

図 5-3 に ^{137}Cs の β 壊変における 2 種の β 粒子エネルギー，$Q = 0.512$ MeV（95%）と $Q = 1.174$ MeV（5%）のスペクトルを示す．図中の内部転換電子については後述する．単一の Q の場合，平均エネルギーは $Q/3$ になる．

図 5-4 に ^{60}Co の壊変図を示す．壊変の 99% 強は $Q = 0.318$ MeV で起こり，同じ数だけ γ 線がカスケードに放出されることが分かる．したがって，^{60}Ni の励起状態は基底状態から $1.173+1.332 = 2.505$ MeV だけ高いレベルにある．これに Q を加えて $2.505+0.318 = 2.823$ MeV となり，先に計算した ^{60}Ni 核の基底状態への遷移と等しい．あと 1 つ残された問題は，2 番目の光子を放出する励起状態は 1.173 か 1.332 MeV か，である．これは，まれに $Q = 1.491$ MeV の β^- 壊変が存在することから決めることができる．この壊変は $2.823-1.491 = 1.332$ MeV の励起レベルへ行かねばならない．よって，1.332 MeV 光子が最後に放出されることが分かった．

^{3}H，^{14}C，^{32}P，^{90}Sr などは β エミッタであるが，γ 線を伴わない．多くの核種は，娘核のいくつかのレベルへ遷移する β 粒子を放出するので，β スペクト

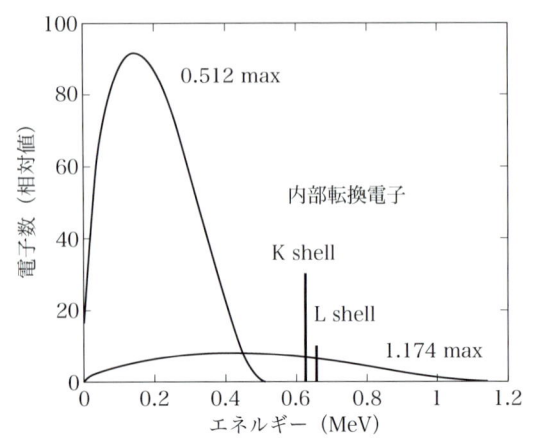

図 5-3. ^{137}Cs β 壊変に伴う β 粒子および内部転換電子のエネルギースペクトル

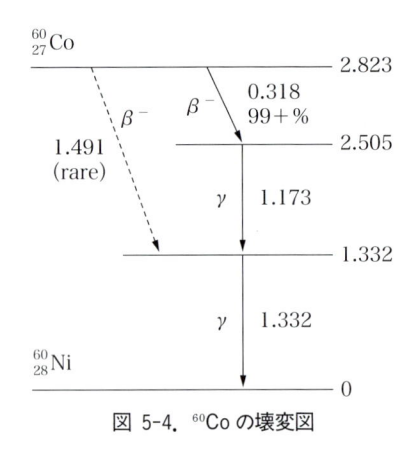

図 5-4. ^{60}Co の壊変図

ルは複雑になる．少数の放射性同位元素では α 壊変も β 壊変もどちらも起こす．たとえば，$^{212}_{83}$Bi はある時間内でみると 36% が α 壊変, 64% が β 壊変である．

3．γ 線放射

α あるいは β 壊変の結果生じた娘核の励起状態から，1 個またはそれ以上の γ 光子が放出される．γ 放射の遷移においては Z も A も変わらない．放射性核

図 5-5. ^{137}Cs の壊変図

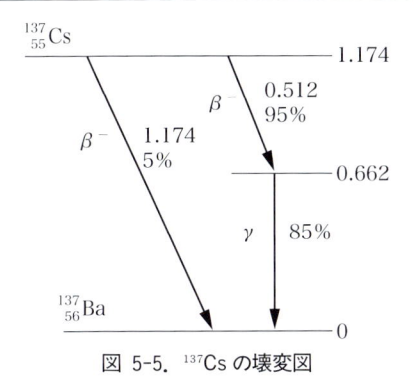

種からの γ 線スペクトルは離散的であり，核種に特有である．試料中の放射性核種の分布を決定するために，γ 線分光の技術によって，いろいろのエネルギーにおける光子強度を測定することができる．

核の励起状態の寿命はさまざまであるが，およそ $\sim 10^{-10}$ s 程度である．したがって，γ 線は通常娘核の励起状態への壊変の後，すばやく放出される．しかし選択則がかなり長時間，光子放出を妨げる場合がある．$^{137}_{55}$Cs の壊変による $^{137}_{56}$Ba の励起状態の半減期は 2.55 分である．このような長寿命状態を準安定 meta-stable といい，記号 m を付けて $^{137m}_{56}$Ba のように表わす．図 5-5 に $^{137}_{55}$Cs の壊変図を示す．準安定核種のほかの例は $^{99m}_{43}$Tc で，これはモリブデンの同位元素 $^{99}_{42}$Mo の β 壊変からできる．$^{99m}_{43}$Tc の半減期は 6.02 時間で，基底状態へ核異性体転移 isomeric transition（IT）をする．

$$^{99m}_{43}\text{Tc} \longrightarrow ^{99}_{43}\text{Tc} + \gamma \tag{5.15}$$

核異性体転移で解放されるエネルギーは準安定状態と基底状態間の差で，$^{99m}_{43}$Tc の場合，質量偏差を用いて計算すると Q=87.33-87.18=0.15 MeV が得られる．これは測定値 0.140 MeV に近い．

4．内部転換

内部転換は核の励起状態のエネルギーが原子の K 殻または L 殻電子に移されて，電子が原子から飛び出す過程である．核からの光子放出の代替とみなすことができる．内部転換係数 α は転換電子の数 N_e と，競合する γ 光子の数 N_γ との比で定義される．

$$\alpha = \frac{N_e}{N_\gamma} \tag{5.16}$$

励起状態であることをはっきりさせるために，そのエネルギーを E^* で表わす．飛び出す電子の運動エネルギー E_e は，E^* から束縛エネルギー E_B を引いて，$E_e = E^* - E_B$ である．^{137}Cs の壊変図 5-5 において，β^- 壊変の 95% は娘核の 0.662 MeV の励起状態に遷移する．この γ 線の相対強度は 85% である．その差 10% は内部転換が受け持っている．内部転換電子のエネルギーは K 殻からのものが 0.624 MeV，L 殻からのものが 0.656 MeV である．図 5-3 に β 線スペクトルとともにこれらの線スペクトルを示す．転換係数 α は Z^3 で増加し，E^* が大きくなると減少する．したがって，内部転換は重い核において特に低い励起状態の壊変でよく起こる．

5．軌道電子捕獲

ある核は原子の電子（通常は K 殻）を捕獲し，かつニュートリノを放出することによって放射性遷移を行う．パラジウムの同位元素の 1 種はこの電子捕獲 electron capture（EC）過程を経て，ロジウムの準安定状態にいく．

$$^{103}_{46}\text{Pd} + {}^{0}_{-1}e \longrightarrow {}^{103m}_{45}\text{Rh} + {}^{0}_{0}\nu \tag{5.17}$$

この過程で解放されるエネルギー Q を求めてみよう．核に吸収された電子は $m - E_B$ をその核に解放する．E_B は原子殻の電子の束縛エネルギーに等価な質量である．解放されたエネルギーは，

$$Q = M_{\text{Pd,N}} + m - E_B - M^m_{\text{Rh,N}} \tag{5.18}$$

パラジウム原子はロジウム原子より電子を 1 個多く持つので，Q は 2 つの原子質量の差より E_B だけ小さくなる．よって電子捕獲における解放エネルギーの一般的表現は，

$$Q_{\text{EC}} = \Delta_P - \Delta_D - E_B \tag{5.19}$$

したがって，もし $\Delta_P - \Delta_D > E_B$ でないならば電子捕獲は起こりえない．パラジウムの K 殻では $E_B = 0.024$ MeV である．質量偏差表より，

$$Q = -87.46 - (-87.974) - 0.024 = 0.490 \text{ MeV} \tag{5.20}$$

引き続いて基底状態へ壊変する際，^{103m}Rh は $-87.974 - (-88.014) = 0.040$ MeV を解放する．

^{103}Pd の壊変図を図 5-6 に示す．電子捕獲は核の原子番号を 1 減少させる．ま

図 5-6. ^{103}Pd の壊変図

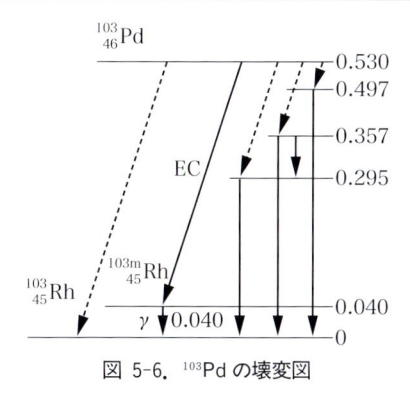

た，原子の内殻に必ず空きを残すので，娘核の特性 X 線が常に放出される．電子捕獲は特性 X 線と Auger 電子の観測によって検知される．

6. β^+ 壊変

$^{22}_{11}$Na のような核は，正電荷の電子（陽電子あるいはポジトロン）とニュートリノを放出して崩壊する．

$$^{22}_{11}\text{Na} \longrightarrow {}^{22}_{11}\text{Ne} + {}^{0}_{1}\beta + {}^{0}_{0}\nu \tag{5.21}$$

β^+ 壊変は電子捕獲と正味同じ効果をもっており，Z を 1 減らし A はそのままである．解放されるエネルギーは，

$$Q = M_{\text{Na,N}} - M_{\text{Ne,N}} - m \tag{5.22}$$

親核の質量は，娘核の質量よりも少なくともポジトロンの質量 m だけ大きいはずである．(5.22) を原子質量に置き換えると，Na は 11 電子，Ne は 10 電子なので，

$$Q = M_{\text{Na,N}} + 11m - (M_{\text{Ne,N}} + 10m) - 2m = M_{\text{Na,A}} - M_{\text{Ne,A}} - 2m \tag{5.23}$$

これを質量偏差 Δ で表わすと，β^+ 壊変における解放エネルギーは次式で与えられる．

$$Q_{\beta^+} = \Delta_\text{P} - \Delta_\text{D} - 2mc^2 \tag{5.24}$$

ゆえにポジトロン放出が可能であるためには，親原子の質量は娘原子の質量よりも少なくとも $2mc^2 = 1.022$ MeV 大きくなければならない．ポジトロン放出を経て $^{22}_{10}$Ne の基底状態に移るとき，解放されるエネルギーは，

$$Q_{\beta^+} = -5.182 - (-8.025) - 1.022 = 1.821 \text{ MeV} \tag{5.25}$$

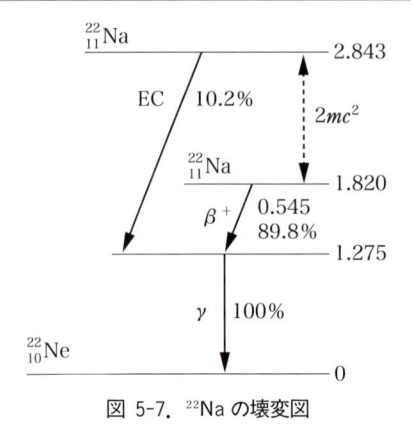

図 5-7. ^{22}Na の壊変図

β^+ 壊変とまったく同じ変化をもたらす電子捕獲は (5.21) と競合する．

$$_{-1}^{0}\text{e} + {}_{11}^{22}\text{Na} \longrightarrow {}_{10}^{22}\text{Ne} + {}_{0}^{0}\nu \tag{5.26}$$

$_{11}^{22}$Na 原子の電子束縛エネルギーを無視すると，(5.19) から電子捕獲によって解放されるエネルギーを求めることができる．

$$Q_{\text{EC}} = -5.182 - (-8.025) = 2.843 \text{ MeV} \tag{5.27}$$

この値と (5.25) とを比較すると，電子捕獲の Q 値は E_B を無視するとき，β^+ のそれより 1.022 MeV 大きいことが分かる．

図 5-7 に $_{11}^{22}$Na の壊変図を示す．β^+ 壊変が 89.8%，EC が 10.2% の割合で，いずれも $_{10}^{22}$Ne の 1.275 MeV の励起状態に遷移する．ポジトロン β^+ を放出する核種をポジトロン・エミッタとよぶが，これの特徴的な現象はエネルギーが 0.511 MeV の消滅光子 annihilation photon を伴うことである．ポジトロンは物質中で減速し，原子の電子で消滅する．そしてエネルギーが $mc^2 = 0.511$ MeV の 2 個の光子が作られ，反対方向に進んでいく．壊変過程の 90% で β^+ が放出されるので，消滅光子の頻度は $_{11}^{22}$Na の崩壊当たり 1.8 になる．

B．放射性壊変の諸公式

1．減衰法則

放射性核種の壊変率は放射能 activity で表わされる．放射能の単位はベクレ

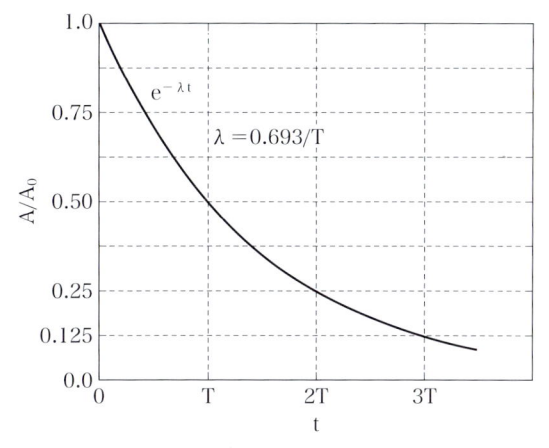

図 5-8. 放射能の指数関数的減衰

ル（Bq）で，1秒当たりの壊変原子数を表わす．一種類の放射性同位元素の放射能は時間に対して指数関数的に減少していくことを示す．ある時刻における試料中の放射性核種の原子数を N とすると，dt 時間内の数の変化 dN は，比例定数を λ とおけば，

$$dN = -\lambda N dt \tag{5.28}$$

t が増すにつれて，N は減少するから，負符号が必要である．λ は放射性核種に特有の定数であり，壊変定数という．放射能 A は，

$$A = \frac{-dN}{dt} = \lambda N \tag{5.29}$$

となる．(5.28) を解けば，

$$\frac{N}{N_0} = e^{-\lambda t} \tag{5.30}$$

が得られる．N_0 は $t=0$ における数である．N と A は比例するので，放射能 A についても同様の形になる．放射性壊変の強度，つまり放射能は時間の関数として指数的に減衰する．図 5-8 はこの関数のプロットである．

放射能が半分に落ちる時間を半減期という．半減期 T と λ の間には $1/2 = e^{-\lambda T}$ より，

$$T = \frac{\ln 2}{\lambda} = \frac{0.693}{\lambda} \tag{5.31}$$

なる関係がある．T を用いて減衰法則を書けば，

$$\frac{N}{N_0} = \frac{A}{A_0} = e^{-0.693 t/T} \tag{5.32}$$

あるいは，

$$\frac{A}{A_0} = \left(\frac{1}{2}\right)^{t/T} \tag{5.33}$$

と表わされる．また，

$$\tau = \frac{1}{\lambda} = \frac{T}{0.693} \tag{5.34}$$

で定義される量を放射性核種の平均寿命という．これは人間の平均寿命と同じ考え方で，試料中のいろいろの原子が経験するそれぞれの寿命を，すべての原子について平均したものである．

2．比放射能

試料の比放射能は，単位質量当たりの放射能で定義される．もし単一の放射性核種ならば，比放射能 S は壊変定数 λ あるいは半減期 T と原子量 M より決まる．核種 1g 当たりの原子数は $N = 6.02 \times 10^{23}/M$ なので，

$$S = \frac{6.02 \times 10^{23} \lambda}{M} = \frac{4.17 \times 10^{23}}{MT} \tag{5.35}$$

T を秒単位とすれば，S は Bq g^{-1} 単位になる．

（例）^{226}Ra の比放射能．
$T = 1600$ y，$M = A = 226$ を用いると

$$S = \frac{4.17 \times 10^{23}}{226 \times 1600 \times 365 \times 24 \times 3600} = 3.7 \times 10^{10} \quad \text{Bq g}^{-1} \tag{5.36}$$

これは 1 Ci（キュリー）の放射能である．かつては ^{226}Ra 1 g の放射能を 1 Ci と定め，放射能の単位に用いていた．

3．壊変公式

ある核種が系列において 1 個かそれ以上の子孫を作る場合の放射能につい

て，いくつかの重要なケースをとりあげる．

a．永続平衡（$T_1 \gg T_2$）

長寿命の親（1）が比較的短寿命の娘（2）に壊変するとする．それぞれの半減期を T_1, T_2 とする．T_1 より短い時間を考えれば，親の放射能 A_1 は一定としてよい．全放射能は A_1 と娘の放射能 A_2 の和である．娘原子の数 N_2 の変化は作られる放射能 A_1 から娘の壊変を引いたものになり，

$$\frac{dN_2}{dt} = A_1 - \lambda_2 N_2 \tag{5.37}$$

これより

$$\ln(N_2 - A_1/\lambda_2) = -\lambda_2 t + c \tag{5.38}$$

が得られる．もし $t=0$ における娘核の原子数を N_{20} とすれば，$c = \ln(N_{20} - A_1/\lambda_2)$ になる．結局 $A_2 = \lambda_2 N_2$ は，

$$A_2 = A_1(1 - e^{-\lambda_2 t}) + A_{20} e^{-\lambda_2 t} \tag{5.39}$$

もし純粋な親核から出発したとすると，$t=0$ において $A_{20}=0$ とおけるので，(5.39) は簡単になる．図 5-9 に示すように，$t \geq 7\,T_2$ の後には $A_1 = A_2$ となり，両者の放射能は等しくなる．この条件を永続平衡とよんでいる．別の形で表わすと次のようになる．

$$\lambda_1 N_1 = \lambda_2 N_2 \tag{5.40}$$

b．一般式

T_1 と T_2 の相対的な大きさに制限を設けない場合は，

$$\frac{dN_2}{dt} = \lambda_1 N_1 - \lambda_2 N_2 \tag{5.41}$$

となる．右辺の第 1 項は，

$$\lambda_1 N_1 = \lambda_1 N_{10} e^{-\lambda_1 t} \tag{5.42}$$

であるから (5.41) を

$$\frac{dN_2}{dt} + \lambda_2 N_2 = \lambda_1 N_{10} e^{-\lambda_1 t} \tag{5.43}$$

と変形する．この微分方程式の一般解は，

図 5-9. 永続平衡

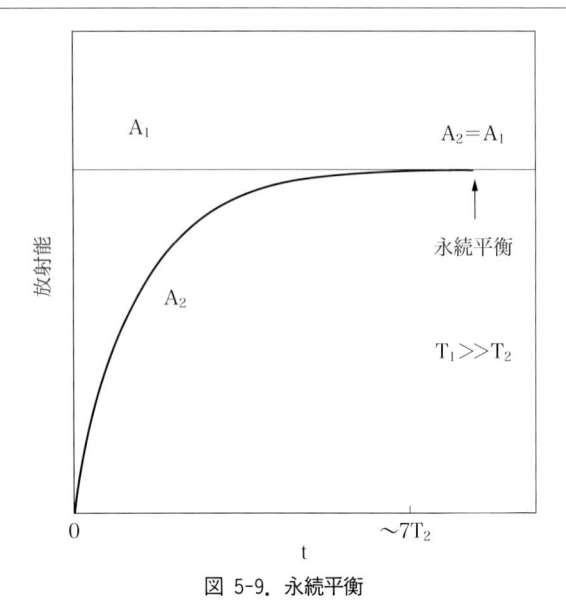

$$N_2 = N_{20}e^{-\lambda_2 t} + N_{10}(c_1 e^{-\lambda_1 t} + c_2 e^{-\lambda_2 t}) \tag{5.44}$$

の形で書ける．初期条件を $N_{20}=0$ とし，上式を (5.41) に代入すると c_1 が求められる．

$$c_1 = \frac{\lambda_1}{\lambda_2 - \lambda_1} \tag{5.45}$$

また，$t=0$ において $N_2=0$ だから，(5.44) より

$$c_2 = -c_1 = \frac{-\lambda_1}{\lambda_2 - \lambda_1} \tag{5.46}$$

を得る．よって方程式 (5.41) の解

$$N_2 = \frac{\lambda_1 N_{10}}{\lambda_2 - \lambda_1} (e^{-\lambda_1 t} - e^{-\lambda_2 t}) \tag{5.47}$$

が求められた．

図 5-10. 過渡平衡

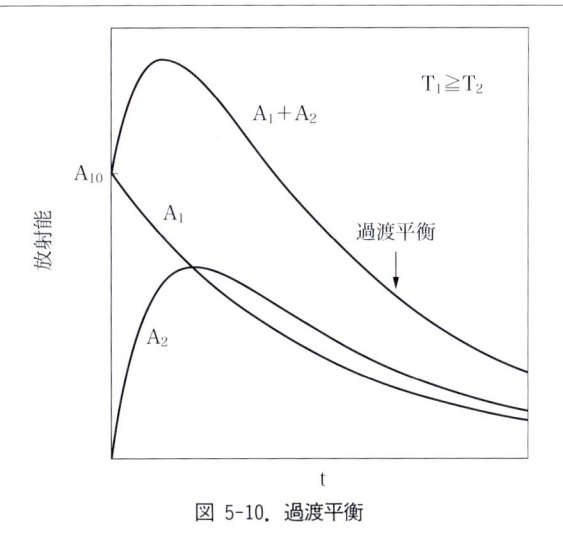

c．過渡平衡（$T_1 \geqq T_2$）

$N_{20}=0$ でかつ，親の半減期が娘よりそれほど大きくない場合，(5.47) より，N_2 したがって $A_2 = \lambda_2 N_2$ はゆっくり増加する．時間の経過とともに，(5.47) の（　）内の第 2 項は第 1 項に比べて無視できるようになる．よって，

$$\lambda_2 N_2 = \frac{\lambda_2 \lambda_1 N_{10} e^{-\lambda_1 t}}{\lambda_2 - \lambda_1} \tag{5.48}$$

$A_1 = \lambda_1 N_1 = \lambda_1 N_{10} e^{-\lambda_1 t}$ は親の放射能であるから，この関係は，

$$A_2 = \frac{\lambda_2 A_1}{\lambda_2 - \lambda_1} \tag{5.49}$$

となる．図 5-10 に示すように，A_2 は初め増加して最大に達し，その後は親の放射能と同じ割合で減少する．この条件を過渡平衡という．

d．非平衡（$T_1 < T_2$）

娘核が親核より長い半減期をもつときは，その放射能は最大になり，それから減少する．親はすぐに壊変してしまい，娘だけが残る．平衡は実現しない．この場合の放射能は図 5-11 のようなパターンになる．

図 5-11. 非平衡

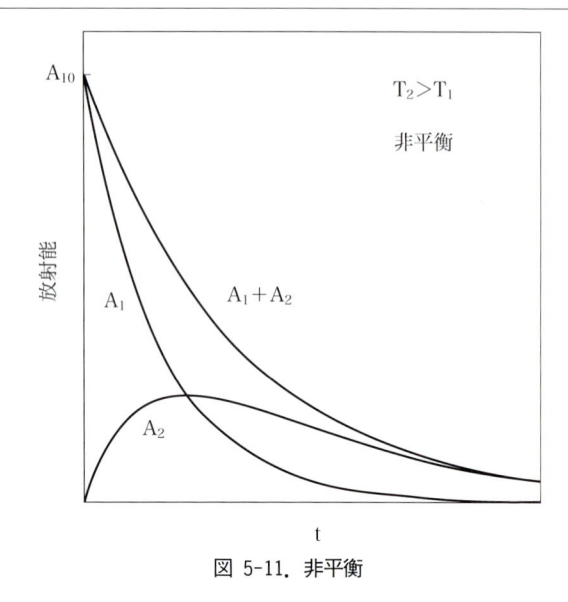

C. 自然放射能

　自然界にみられる重い元素（$Z>83$）はすべて放射性であり，α 線あるいは β 線を放出して壊変する．もっとも重い元素は次々に放射性娘核に壊変し，放射性核種の系列を形成し，安定核ができたときに終わる．自然に生じる重い放射性核種はすべて3つの系列のどれかに属することが分かっている．ウラニウム系列は ^{238}U で始まり，安定な ^{206}Pb で終わる．トリウム系列は ^{232}Th で始まり，^{208}Pb で終わる．3番目のアクチニウム系列は ^{235}U で始まり，^{207}Pb で終わる．第4 はネプツニウム系列であるが，系列中でもっとも長半減期の ^{237}Np が 2.2×10^{6}y で，これは地球の時間からすれば短い．ネプツニウムは自然界には見出されず人工的に作られ，^{241}Pu に始まり ^{209}Pb で終わる．これらの系列はいずれも1つの気体（ラドンの同位体）を含み，鉛の安定同位体で終わる．^{226}Ra の壊変による ^{222}Rn は希ガスであり半減期が長いため，大気中に出ていく．そのため，^{222}Rn は公衆が受ける被曝線量の最大の要因になっており，自然放射線の67%，人為的も含んだ全線源の55%を占めている．

軽い自然放射性同位元素のうち，人の被曝にとって重要なのは^{40}K である．^{40}K は存在比 0.0118% で，半減期は 1.28×10^9 y である．89% は β^-，11% は電子捕獲で壊変する．β 線の最大エネルギーは 1.312 MeV である．この同位元素は人に対する内部および外部被曝の重要な線源である．β 線に加えて，^{40}K は電子捕獲に伴う高エネルギーγ 線 1.46 MeV を放出する．その他の天然放射性核種は宇宙線起源のもので，^{3}H，^{7}Be，^{14}C，^{22}Na などがある．

6. X 線

Summary

1. 高速度の電子をターゲット物質に当てると，電子は原子核近傍で鋭い制動を受け，X線を生成する．
2. 単一エネルギーの電子ビームは，ビームエネルギーを最大値とするX線の連続スペクトルを生成する．この連続的X線を制動放射という．
3. ピーク電圧を V_{max} (kV)，最短波長を λ_{min} (Å) とすれば，$V_{max} \times \lambda_{min} = 12.4$ が成り立つ．
4. 管電圧が高くなれば，電子はターゲット原子から軌道電子をたたき出す．より外殻からの電子が内殻の空席を埋めるとき，特性X線あるいはAuger電子が放出される．
5. 円形軌道を描いて回る高速電子は，シンクロトロン放射を軌道の切線方向に放出する．制動放射と同様白色光源として有用である．

A．X線の発生

　1895年，ドイツの物理学者 W. C. Röntgen（レントゲン）は Crookes（クルックス）の真空管を用いた陰極線の研究中に，黒い紙や木片などの不透明体を透過する未知の放射線を発見して，これを X 線と名づけた．Röntgen は X 線についての諸性質，すなわち透過作用，蛍光作用，写真作用，電離作用などについて明らかにした．X 線の発見は，こんにちの電離放射線研究とその多方面への応用の出発点といえる．

　高速度の電子をターゲット物質に当てると X 線が発生する．電子はターゲット原子の電子と衝突し，原子の電離や励起を起こすことによってそのエネルギーの大部分を失っていく．加えて，電子は原子核近傍で鋭い偏向を受け，そのため X 線光子を放射することによってエネルギーを失う．重い核の方が軽い核より偏向が強いので，この放射線をつくるにははるかに効率的である．同じ管電圧，同じ厚さ（g/cm²単位）のターゲットの場合，X 線発生効率は原子番号に比例する．1個の電子はその運動エネルギー E の値を最大値として，それ以下のいずれかのエネルギー $h\nu$ をもつ X 線光子を放射することができる．

$$h\nu \leq E \quad (6.1)$$

その結果，単一エネルギーの電子ビームは，ビームエネルギーを最大値とする X 線の連続スペクトルを生成する．この連続的 X 線を制動放射 bremsstrahlung または braking radiation という．制動放射は原子核の場の中で，突然にブレーキを受けた電子の場から光量子が振り落とされるといってもよいだろう．

　X 線発生装置の概略を図 6-1 に示す．X 線管は Coolidge 管とよばれるもので，陰極 cathode と対陰極（陽極）anode とから構成され，管内の気圧は 10^{-6} mmHg 以下の真空に保たれている．高電圧電源の－を陰極に，＋を陽極につないでおくと，陰極のフィラメントから出た熱電子は加速されて陽極のターゲットに衝突して，電子の運動エネルギーの一部は X 線に，残りの大部分は熱に変換される．X 線管はふつう 300 kV 以下の電圧で使用されるが，有用な X 線に変換されるのは電子エネルギーのわずか1％前後で，99％は熱に変わり陽極を高温にする．したがって，ターゲットは融解点の高いタングステンが広く用い

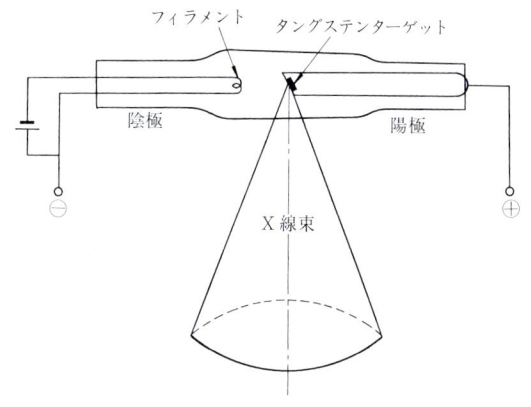

図 6-1. X線発生装置の概略[1]

られている．同時に陽極は温度を下げられるような構造になっている．
　ベータトロンやライナックなどのように，電子のエネルギーが高くなると，電子加速には高電圧を使わず，磁場やマイクロ波が用いられる．電子のエネルギーが高くなると，X線の発生効率も高くなる．また，X線の角度分布の様子も変わってくる．
　制動放射線はあらゆる方向に放出されるが，電子および制動光子のエネルギーの複雑な関数である．ここでは簡単のため，平均的放出角度のみを記す．Segreによれば放出角の平均 $\bar{\theta}$ は近似的に

$$\bar{\theta} \approx \frac{1}{1+T/mc^2} \quad \text{(radian)} \tag{6.2}$$

で与えられる．ここで T は電子の運動エネルギー，m は電子の静止質量である．すなわち，電子のエネルギーが大きくなると前方方向に，低エネルギーではおよそ60度の方向に多く出てくることになる．このため，X線管の場合と，高エネルギーのライナックの場合とでX線の取り出し方向が異なっている．図6-2にX線強度の角度分布を示す．

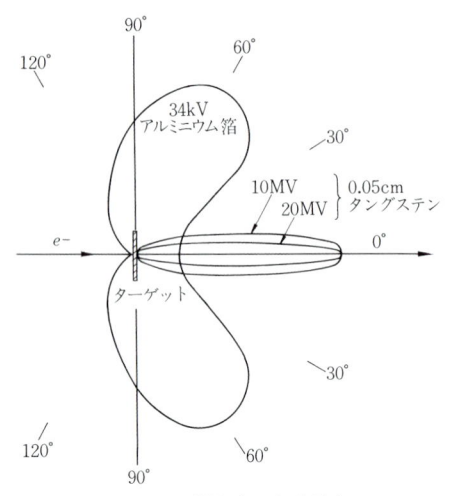

図 6-2. X線強度の角度分布[1]

B. 連続X線

1. エネルギースペクトル

図6-3はいろいろの管電圧によって生成された典型的な連続X線スペクトルを示す．電流を一定としたとき，管電圧つまり電子の運動エネルギーの増加につれて急速に強度（線量）が増加していることが分かる．最大エネルギーをもったX線光子の波長は（1.42）から計算できて，波長は最短になる．管電圧 50 kV の場合，$\lambda_{min}=1.240/50=0.0248$ nm となり，図と一致する．一般にX線エネルギーはピーク電圧を kV で表わした kV_p で参照される．（1.42）の単位を置き換えて，V_{max} は kV 単位でとった加速電圧の最大値，λ_{min} は Å（オングストローム：10^{-8} cm）単位でとった最短波長とすると，

$$V_{max} \times \lambda_{min} = 12.4 \tag{6.3}$$

が成立する．この関係式を Duane-Hunt の式という．

スペクトルの横軸を eV 単位のエネルギーで表わした方が都合のよいことが

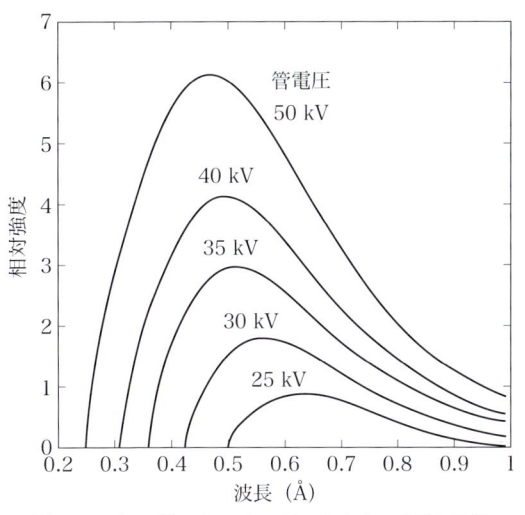

図 6-3. タングステンターゲットからの連続 X 線のスペクトル

多く，現在では測定器の発達によって容易に X 線のエネルギースペクトルを得ることができる．この場合には，縦軸は X 線光子の数をとる．例を図 6-4 に示した．(a) は 100 kV$_p$ の診断用 X 線，(b) は 10 MV リニアックによる治療用 X 線である．図のような実測されたスペクトルにおいて，低エネルギー側の強度が落ちているのは，低エネルギー光子がターゲット自身やフィルタなどによって吸収されているからである．

2．制動放射の理論

X 線管から出てきたスペクトルではなく，ターゲットで生成された時点でのスペクトルについて述べる．制動光子は本来，光子エネルギーが小さいほど数が多い．厳密な量子力学的計算による制動放射スペクトルの理論に基づくとともに，実験データを考慮に入れた式が Koch と Motz によってまとめられている(付録 1 参照)．電子が無限に薄い媒質を透過するとき，したがってエネルギー損失がないと仮定するとき，"薄いターゲット"という．制動光子エネルギー k に関する Koch-Motz 微分断面積公式はきわめて複雑な式なので，ここでは単に $d\sigma/dk$ で表わす．薄いターゲットの場合，運動エネルギー T の 1 個の入射

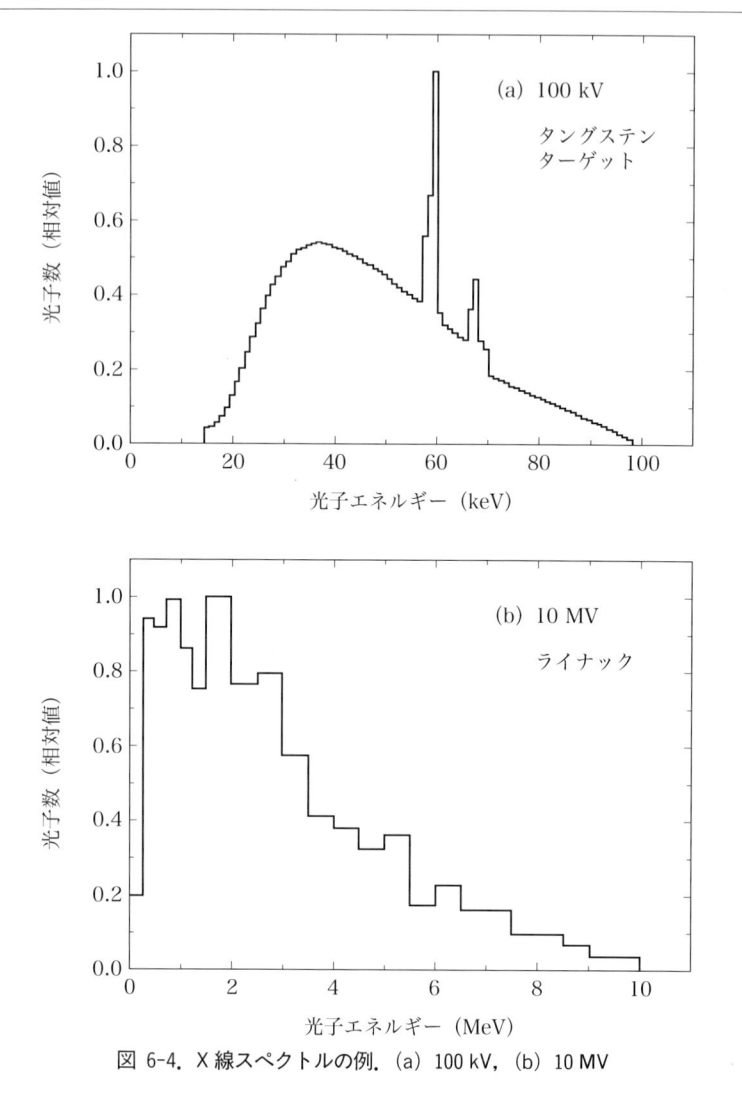

図 6-4. X線スペクトルの例. (a) 100 kV, (b) 10 MV

電子によって $(k, k+dk)$ をもつ光子が dn 個生成されるとする. 物質 1 g に含まれる i 番目原子の個数を N_i とすれば, dn は,

$$\mathrm{d}n = \sum_i N_i \frac{\mathrm{d}\sigma_i}{\mathrm{d}k}\,\mathrm{d}k \tag{6.4}$$

となり，単位はgcm^{-2}当たりの個数/チャネルである．

　一方，電子が十分厚い媒質中で，完全に止まるまでに生成される制動光子をすべて積算したスペクトルを"厚いターゲット"によるスペクトルという．厚いターゲットは薄いターゲットを何枚も重ね合わせたものと仮定する．各層から薄いターゲットによるスペクトルが発生するが，層によるエネルギー損失を考慮に入れる．したがって電子は順次減速していくことになり，層ごとに発生スペクトルが変化する．これらのスペクトルを積算したものが目的のスペクトルである．前と同様，エネルギー（$k, k+\mathrm{d}k$）間の光子数を$\mathrm{d}n$とすると，

$$\mathrm{d}n = \sum_i N_i \int_{k+mc^2}^{T+mc^2} \frac{\dfrac{\mathrm{d}\sigma_i}{\mathrm{d}k}\,\mathrm{d}k}{\left(-\dfrac{\mathrm{d}E}{\rho\mathrm{d}x}\right)_{\mathrm{tot}}}\,\mathrm{d}E \tag{6.5}$$

で与えられる．次元が打ち消し合うので，$\mathrm{d}n$の単位は個数になる．分母の全質量阻止能は衝突阻止能と放射阻止能の和である．厚いタングステンターゲットについて，Koch-Motz公式を用いた計算スペクトルを図6-5に示す．ただしこれらのスペクトルにおいて，低エネルギー光子の吸収は考慮に入れていない．

C. 特性X線

　タングステンのK殻の束縛エネルギーは$E_K = 69.525\,\mathrm{keV}$である．もし管電圧がこれより高くなれば，ターゲットに当たった電子はターゲット原子から電子をたたき出す．そして離散的または不連続なX線が生成される．これらは，より外殻からの電子が内殻の空席を埋めるときに放出される．このX線のエネルギーはターゲット元素に特有なので，これを特性X線という．特性X線は図6-4（a）に示すように，連続スペクトルの上に重なって現れる．K殻の空席がL殻，M殻，…からの電子で埋められるとき，K_α，K_β，…と表記する．また，L殻の空席が埋められるときは，L_α，L_β，などというX線が放出される．しかし，これらは低エネルギーなので，通常は管内で吸収される．

82   X 線

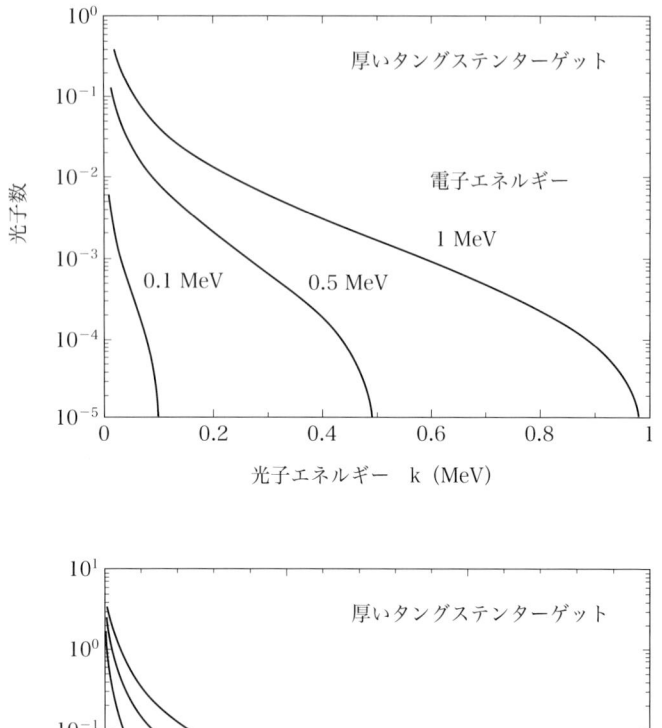

図 6-5. 厚いタングステンターゲットから発生する制動放射スペクトル

K 殻以外の電子のエネルギーは縮退していない，つまり少しずつ異なっているので，KX 線は微細構造をもっている．たとえば，タングステンの L 殻は 3 つの小殻からなり，それらの電子束縛エネルギー (keV) は $E_{LI} = 12.098$, $E_{LII} =$

11.541，$E_{\text{LIII}}=10.204$ である．LIII → K 遷移はエネルギーが $E_{\text{K}}-E_{\text{LIII}}=69.525-10.204=59.321$ keV の $K_{\alpha 1}$ を与える．LII → K 遷移は 57.984 keV の $K_{\alpha 2}$ を与える．LI → K 遷移は量子力学的に禁止されるので起こらない．

　特性 X 線の系統的研究は 1913 年 Moseley（モズリー）によってなされた．その前年，結晶による X 線の回折が von Laue によって発見されていた．Moseley は特性 X 線の波長を比較するのにこの方法を用いた．彼は特性 X 線スペクトル中のたとえば $K_{\alpha 1}$ 線の振動数のルートが周期律表の元素ごとに一定量だけ増加することを見出した．

$$\sqrt{\nu}=k(Z-S) \tag{6.6}$$

ここで Z は原子番号，k，S は定数である．これを Moseley の法則という．この法則は，原子構造の解明および周期律表の完成において重要な役割を果たした．

D. Auger 電子

　ある原子において，L 電子が K 殻の空席を埋めるために遷移したとしても必ずしも光子を放出するとは限らない．特に小さい Z の元素の場合によく起こる．原子から L 電子が叩き出されるという，別の非光学的遷移が起こり得る．その結果，L 殻に 2 個の空席が残ることになる．このように原子から叩き出された電子を Auger（オージェ）電子という．Auger 電子の放出を図 6-6 で説明する．下向きの矢印は LI レベルから K 殻の空席への電子の遷移を示す．このとき，束縛エネルギーの差 $E_{\text{K}}-E_{\text{LI}}$ に等しいエネルギーが解放される．光子を放出する代わりに，このエネルギーが LIII 電子の 1 つに渡されることがあり得る．この電子は運動エネルギー

$$T=E_{\text{K}}-E_{\text{LI}}-E_{\text{LIII}} \tag{6.7}$$

をもって原子から放出される．こうして 2 個の L 殻の空席が作られる．Auger 効果は 3 つの L 殻レベルのほかの組み合せでも起こる．その場合，Auger 電子エネルギーは (6.7) と同様の式によって与えられる．Auger 過程は 1 個の電子によって放出された 1 個の光子が，ほかの電子によって吸収されるという過程ではない．

図 6-6. Auger 電子の放出

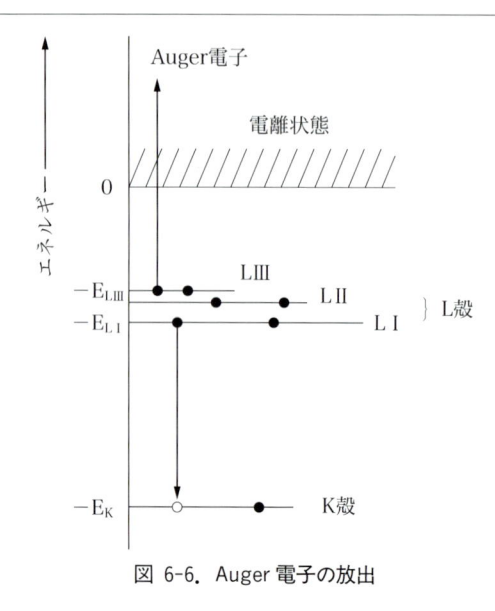

　元素の K 蛍光収量は，K 殻の空席当たりに放出される KX 線光子の数で定義されている．収量 Y_K を Z の関数で表わすと近似的に

$$Y_K = \frac{1}{1+\left(\dfrac{33.6}{Z}\right)^{3.5}} \tag{6.8}$$

で与えられる．図 6-7 は K 蛍光収量 (%) の変化を示す．小さい Z に対してはほぼ 0，大きい Z に対してはほぼ 1 になる．Auger 電子放出はこれとは逆に小さい原子番号の元素において光子放出よりよく起こる．

　Auger 電子放出の源になる内殻空席は電子衝突だけでなく，軌道電子捕獲，内部転換，あるいは原子外の光子を吸収することによって起こる光電効果などによって生成される．Auger 電子の放出は原子殻の空席数を 1 だけ増やす．内殻の空席が順々に Auger 過程によって埋められ，同時によりゆるく束縛された電子が叩き出されるので，Auger カスケードは比較的重い原子で起こる．最初は，1 個の内殻の空席があるイオンが Auger カスケードによって高い電荷をもつイオンに変換する．この現象は放射線治療における Auger 治療法に応用され

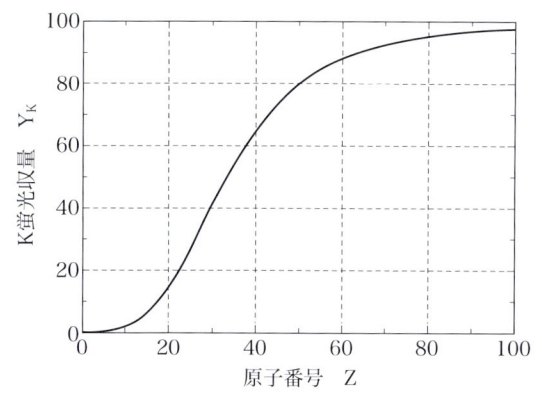

図 6-7．K 蛍光収量と原子番号との関係

ている．Auger エミッタを DNA やほかの生物学的分子に取り込ませる．たとえば^{125}I は電子捕獲によって壊変する．続いて起こるカスケードは約 20 個の電子を解放し，それらはほんの数 nm 以内に多量のエネルギー（～1 keV）を付与する．あとには高い電荷をもった^{125}Te が残される．DNA 鎖切断，染色体異常，突然変異，細胞死などの多くの生物学的効果がもたらされることになる．

E．シンクロトロン放射

　加速度運動をする荷電粒子が電磁波を放出する現象は理論的には古くから知られていたことであるが，1947 年に初めて電子シンクロトロンにおいて実際にこれが観測されたので，このような電磁波をシンクロトロン放射（SR と略称）と名づけた．単に放射光ともよばれている．円形軌道を描いて回る高速電子が軌道中心方向に磁場による Lorentz 力 evB なる力を受けて加速され，そのエネルギーの一部を光子の形で放出する現象である．電子の速度が光速度に近い場合には，図 6-8 に示すように光子は電子の進行方向のまわりの狭い角度の範囲，つまり切線方向に分布して放射される．エネルギースペクトルは電波領域から紫外線を経て X 線領域に及ぶ連続スペクトル分布をなす．詳しい計算によると，単位時間に単位波長当たり放射されるシンクロトロン放射の強度は，

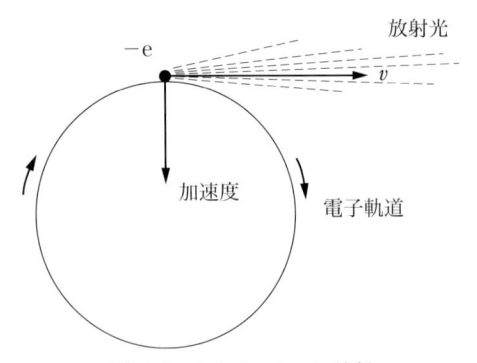

図 6-8. シンクロトロン放射

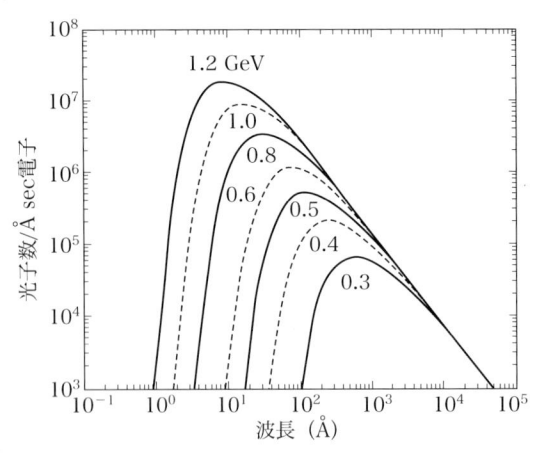

図 6-9. シンクロトロン放射の波長スペクトル

$$I(\lambda, t) = 7.51 \times 10^{-8} \frac{E^7}{R^3} G(y) \qquad \mathrm{Js^{-1} Å^{-1}} \qquad (6.9)$$

で与えられる．ここで E (GeV) は電子の運動エネルギー，R (m) は軌道半径，$G(y)$ はスペクトルの形を与える関数である．図 6-9 に波長スペクトルの例を示す．単位時間に放射される全放射エネルギーは，

$$I(t) = 6.77 \times 10^{-7} \frac{E^4}{R^2} \qquad \mathrm{Js^{-1}} \qquad (6.10)$$

で与えられ，1周当たりに失われるエネルギー ΔE は近似的に

$$\Delta E = 88.5 \frac{E^4}{R} \qquad \text{keV turn}^{-1} \qquad (6.11)$$

となる．$E=5$ GeV，$R=10$ m のときには $\Delta E = 5.53$ MeV となる．したがって，エネルギー E が大きく，半径 R が小さくなると放射光によるエネルギー減少を補うための加速が必要になる．

電子シンクロトロンや貯蔵リングからのシンクロトロン放射光は，真空紫外からX線にわたる波長領域の強力な光源である．従来の光源に比べ，
① 高輝度の連続スペクトルをもつ
② 指向性がよい
③ 偏光性がある
④ 1 ns 以下のパルス特性をもつ
などの優れた特性をもっている．

F．結晶による反射

　X線は透過力が強く，その性質を利用していろいろな方面で広く用いられている．X線の波動性を利用したのが結晶の構造解析である．固体は気体や液体と違って，整然とした結晶を作り上げる．固体原子あるいは固体分子が規則正しく空間に配置したものを結晶格子という．また結晶格子上の各点を格子点という．固体結晶の格子点間の距離は，物質の種類により多少の違いはあるが，数 nm の程度である．これを測る物差しとして波長が同程度の電磁波，すなわちX線が利用できる．結晶にX線を当てると，大部分のX線はそのまま直進して透過X線になるが，原子で散乱された一部は特定の方向で互いに強め合って回折X線となる．この現象は，回折格子に光が入射したとき，ある特定の方向に強く回折されるのと似ている．

　結晶中に平面を考えたとき，その平面上に多数の原子が規則正しく並んでいる場合がある．このような平面を原子配列面という．図6-10のように，それと平行な原子配列面が等間隔 d で多数並んでいる．この d を格子定数とよぶ．波長 λ のX線が AB と角 θ をなして CD 方向から入射し，DE 方向に反射したとする．ほかの一部のものは A′B′，A′B′面で反射され，DE に平行に D′E′ の方

図 6-10．Bragg 反射

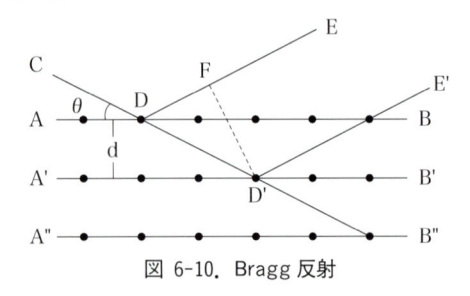

向に進む．ある原子配列面と次の原子配列面とによって反射される X 線の通路の長さの差は DD′−DF に等しい．

$$\mathrm{DD}' = \frac{d}{\sin\theta}, \qquad \mathrm{DF} = \frac{d}{\sin\theta}\cos 2\theta \qquad (6.12)$$

であるから，

$$\mathrm{DD}' - \mathrm{DF} = \frac{d}{\sin\theta}(1-\cos 2\theta) = 2d\sin\theta \qquad (6.13)$$

となる．もしこれが X 線の波長 λ の整数倍に等しければ，

$$2d\sin\theta = n\lambda \qquad (n=1, 2, 3, \ldots) \qquad (6.14)$$

が成立し，干渉によってたがいに強め合う．これを Bragg の反射の条件，また整数 n を反射の次数という．X 線の波長 λ が分かっていれば，(6.14) を利用し，格子定数 d を測定することが可能である．また，格子定数が既知の結晶を用いて生じた干渉じまの位置（角 θ で表される）を測定すれば，上式より X 線の波長が決定できる．

7. 光子（X線・γ線）と物質との相互作用

Summary

1. 光子と物質との相互作用には，Thomson 散乱，光電効果，Compton 散乱，電子対生成，光核反応がある．
2. 物質中の光子によるエネルギー付与の主たる過程は，低エネルギーでは光電吸収，中間エネルギーでは Compton 散乱，高エネルギーでは電子対生成である．
3. 光子は1つの原子と相互作用する前に，ある距離（自由行程）を進む．平均自由行程は線減弱係数によって決まる．
4. 線量が半分になる吸収体の厚さを半価層といい，診断用 X 線の連続スペクトルの線質を表わすのに用いる．
5. 電子平衡が成立している条件の下では，媒質内のある点における吸収線量は，エネルギーフルエンスと質量エネルギー吸収係数との積に等しい．

A．相互作用の種類

荷電粒子は物質を通過する際，物質原子との電気的な相互作用によって間断なく着実にエネルギーを失う．これに対して，光子は電気的に中性なので，電気的相互作用を受けず別の失い方をする．すなわち 1 つの原子と相互作用する前にある距離を進むことができる．ある光子がどのくらい距離通り抜けるかは，媒質と光子エネルギーに依存する単位長さ当たりの相互作用の確率によって，統計的に支配される．光子は相互作用をすると，吸収されて消滅することもあるし，あるいは散乱されて進行方向を変えることもあるが，その際エネルギーを損失するかしないか，あるいはどちらもあり得る．

Thomson 散乱と Rayleigh 散乱は，光子がエネルギー移行なしに物質と相互作用する 2 つの過程である．物質中の光子によるエネルギー付与のおもなメカニズムは，光電吸収，Compton 散乱，電子対生成および光核反応である．

1．Thomson 散乱

Thomson 散乱においては，自由電子が通過している電磁波の電気ベクトルに呼応して振動する．振動している電子は，入ってきた波動と同じ振動数の放射線（光子）を放出する．弾性散乱である Thomson 散乱の効果は，媒質へエネルギーを渡さずに入射光子が方向を変える効果のみである．Thomson 散乱は，入射光子エネルギーをゼロに近づけたときの Compton 散乱の極限を表わしていることが量子力学によって証明されている．

Thomson 散乱の単位立体角当たりの微分断面積は，

$$\frac{d\sigma_T}{d\Omega} = \frac{r_e^2}{2}(1+\cos^2\theta) \tag{7.1}$$

となる．ここで，$r_e = 2.81794 \times 10^{-15}$ m で古典電子半径である．Thomson 散乱の前提より，これは電子 1 個当たりの断面積を表わす．(7.1) より，Thomson 散乱の角度分布は入射光子のエネルギーおよびターゲット原子の種類に関係しないことが分かる．θ 方向の角度分布を求めるには，(7.1) に $2\pi\sin\theta$ を掛ければよい．図 7-1 に角度分布を示す．全断面積は，

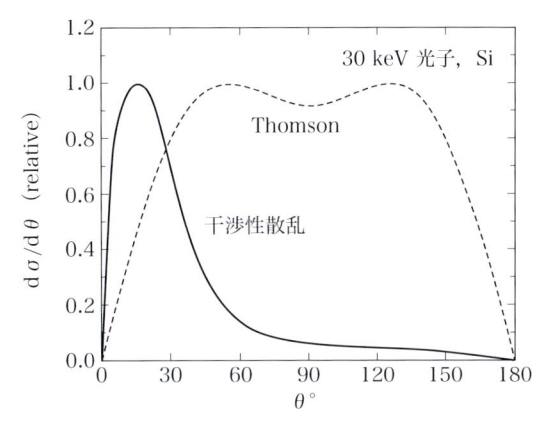

図 7-1. Thomson 散乱と干渉性散乱の角度分布

$$\sigma_\mathrm{T} = 2\pi \int_0^\pi \frac{d\sigma_\mathrm{T}}{d\Omega} \sin\theta d\theta \tag{7.2}$$

を計算すると，$(8/3)\pi r_e^2$ になる．Thomson 散乱では光子の入射方向に散乱される確率は極めて小さいので，X 線の減弱実験では散乱線は測定器に入らない．これが問題になるのは，散乱線を考慮に入れねばならないような X 線撮影のときである．

Rayleigh 散乱は光子と 1 個の自由電子との散乱でなく，結合した原子全体との散乱の結果起こる．すべての電子が似たように振る舞うので別々の電子で散乱されても，散乱光子は干渉性をもつことになる．そのために干渉性散乱ともよばれる．Thomson 散乱と同様，散乱角度はきわめて小さく，エネルギー損失はない．微分断面積は Thomson 散乱の断面積を用いて，

$$\frac{d\sigma_\mathrm{coh}}{d\Omega} = F^2(Z, v) \frac{d\sigma_\mathrm{T}}{d\Omega} \tag{7.3}$$

で表わされる．ここで v は原子への運動量移行を表わすパラメータで，光子エネルギー$h\nu$ を keV 単位にとれば，

$$v = \frac{h\nu}{12.4} \sin\frac{\theta}{2} \quad \text{Å}^{-1} \tag{7.4}$$

と書ける．$F(Z,v)$ を原子形状因子といい，軌道電子が反跳運動量 v を受け取る確率を表わす．この因子は，後方 Thomson 散乱断面積を小さくする効果をも

つ．Hubbell らは原子ごとに v の関数として $F(Z, v)$ の表を与えている．表7-1 に Si の原子形状因子 $F(Z, v)$ および非干渉性散乱で用いる散乱関数 $S(Z, v)$ の数表を示す．30 keV 光子の Si 原子に対する干渉性散乱断面積の角分布を図7-1 に示す．Thomson 断面積との違いが分かる．なお図の縦軸は (7.1)，(7.3) に $2\pi\sin\theta$ を掛けた値を最大値で規格化したものである．

放射線とは関係ないことであるが，身近な Rayleigh 散乱の例をあげる．X 線よりはるかに低エネルギーの可視光線の領域では，Rayleigh 散乱の断面積は，

$$\frac{d\sigma_{\text{coh}}}{d\Omega} = \left(\frac{2\pi}{\lambda}\right)^4 |\alpha(\lambda)|^2 \frac{1}{2}(1+\cos^2\theta) \tag{7.5}$$

と表わされる．λ は光子の波長，$\alpha(\lambda)$ は波長に依存する量である．注目すべきは，角度分布が $1/\lambda^4$ なる波長依存性をもっていることである．ある θ 方向への散乱をみたとき，短波長の青い光は長波長の赤い光よりもはるかに断面積が大きくなる，つまり偏向しやすいことを示している．大気中の分子による太陽光（白色光）の散乱において，青い光がより強く散乱されることになる．空が青いのはそのためである．

2．光電効果

光を吸収した結果，物質表面から電子が叩き出される．光電効果の実験的研究に用いられる装置を図7-2 に示す．単色光が水晶の窓（紫外線も通す）を通して真空のガラス管に入り，電極1に当たり光電子を叩き出す．電極1は調べようとしている金属で作られているか，あるいは表面がその金属で覆われている．光を照らしている間流れる電流 I は，2つの電極間に加えられる可変電圧 V_{21} の関数として測定できる．$V_{21}=0$ のときにも電流は流れる．V_{21} がプラスで増加すると，電極2に集められる光電子の効率は増加し，すべての電子が集められ平坦になるまで増えていく．平坦部の電流の比は用いられた光の相対強度に等しい．

電圧の極性が逆向き（$V_{21}<0$）になると，電極1から放出された光電子は，今度は後ろ向きの引力を受ける．V_{21} をさらに負にすると，最もエネルギーの大きい光電子のみが電極2に到達することになり，電流 I は減少する．光の強度には関係なく，逆電圧が阻止電圧とよばれる V_0 に達したとき，光電子電流は 0 に落ちる．ポテンシャルエネルギー eV_0 は，光電子の最大運動エネルギー T_{max} に

表 7-1. Si（$Z=14$）の原子形状因子 $F(Z, v)$ と非干渉散乱関数 $S(Z, v)$[25]

v (Å^{-1})	$F(Z, v)$	$S(Z, v)$
0.0	14.0	0.0
0.005	13.993	0.009
0.01	13.975	0.035
0.015	13.946	0.079
0.02	13.905	0.1391
0.025	13.852	0.2148
0.03	13.788	0.3049
0.04	13.631	0.5229
0.05	13.439	0.782
0.07	12.966	1.3724
0.09	12.423	1.9915
0.1	12.139	2.293
0.125	11.432	2.9884
0.15	10.769	3.587
0.175	10.179	4.0921
0.2	9.6693	4.520
0.25	8.8521	5.2175
0.3	8.2232	5.808
0.4	7.1977	6.903
0.5	6.2324	7.937
0.6	5.3031	8.867
0.7	4.461	9.667
0.8	3.7411	10.33
0.9	3.1541	10.864
1.0	2.6922	11.286
1.25	1.9595	11.99
1.5	1.5925	12.408
2.	1.2604	12.937
2.5	1.0513	13.302
3.	0.8725	13.558
3.5	0.6936	13.726
4.	0.5774	13.832
5.	0.345	13.937
6.	0.2189	13.975
7.	0.1416	13.99
8.	0.1096	13.995
10.	0.0456	13.999
15.	0.011116	14.0
20.	0.003801	14.0
50.	0.00011169	14.0
80.	1.8205 e-5	14.0
100.	7.7437 e-6	14.0
1000.	1.9718 e-9	14.0

図 7-2. 光電効果実験の概略図

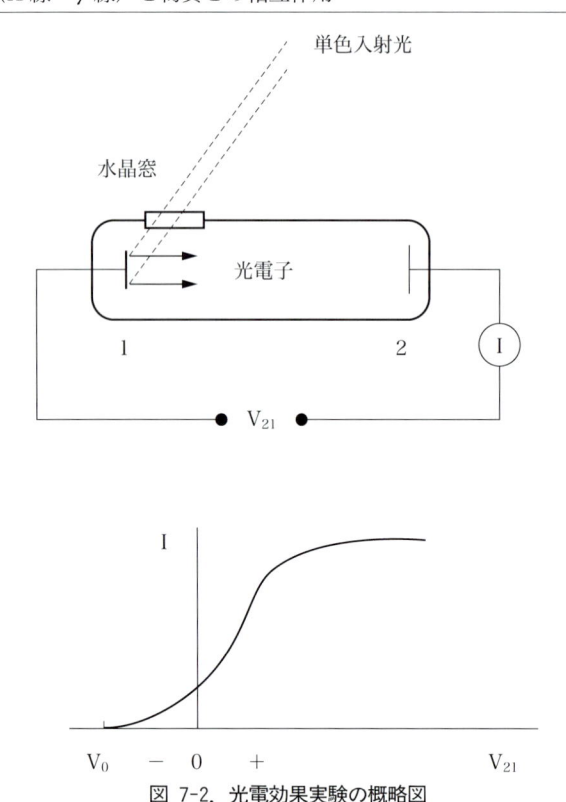

等しい.
$$T_{\max} = eV_0 \tag{7.6}$$
阻止電圧 V_0 は，単色光の振動数 ν に対して直線的に変化する．たとえ強い光であっても，その振動数以下では光電子を放出しない閾値 ν_0 が見出されている．ν_0 の値は電極 1 に用いられている金属に依存する．

　光電効果を説明するために，Einstein は入射光は $E = h\nu$ のエネルギーを持った量子（光子）であると提案した．さらに金属内の 1 個の電子が 1 個の光子を完全に吸収したとき，光電子が作られると仮定した．金属から放出される光電子の運動エネルギー T は，光子エネルギーから，電子が表面から逃げ出すのに費やすエネルギー ϕ を引いたものに等しい．

$$T = h\nu - \phi \tag{7.7}$$

エネルギー ϕ は，阻止能や束縛エネルギーから決まる量である．金属の仕事関数とよばれる最小エネルギー ϕ_0 は，もっともゆるく束縛された電子を表面から引き離すのに必要なエネルギーである．光電子が持つことのできる最大エネルギーは，

$$T_{\max} = h\nu - \phi_0 \tag{7.8}$$

1921 年 Einstein は，数理物理学への貢献，とりわけこの光電効果の法則の発見によってノーベル賞を受けた．実測値ではなく，理論的な取り扱いをする場合は，仕事関数の代わりに電子軌道の束縛エネルギー B を用いる．光電子の運動エネルギーは，

$$T = h\nu - B \tag{7.9}$$

と表わされる．

　光電効果の断面積の理論的計算は非常に複雑である．これは軌道電子のすべてについて計算しなければならないことと，$h\nu = B$ の付近で断面積が不連続的に変わるためである．光電子の角度分布は非相対論的領域で，

$$\frac{dN}{d\Omega} \propto \frac{\sin^2\theta}{(1-\beta\cos\theta)^4} \tag{7.10}$$

となる．$\beta \sim 1$ に対しては前方方向に放出される確率が大きくなる．この様子を図 7-3 に示した．

　光電子の生成確率は，原子番号 Z と光子エネルギー $h\nu$ に強く依存する．Z の大きい物質，および閾値 ν_0 より大きい振動数を持った低エネルギー光子に対して最も大きくなる．K 電子吸収端よりも低いエネルギーに対しては，K 電子光電吸収断面積は Z^5 に比例し，$(h\nu)^{7/2}$ に反比例する．$h\nu$ が 500 keV 前後では，$(h\nu)^2$ に反比例する．さらに，$h\nu \gg mc^2$ のときには $h\nu$ に反比例する．ほかの軌道電子による光電吸収断面積は，K 電子による値の約 20% であることが実験的にも確かめられている．

　光子によって原子の電子に渡されたエネルギーが電子の束縛エネルギーよりも大きいとき，電子は自由でかつ静止しているとして取り扱うことができる．エネルギーと運動量の保存則は，この条件にある電子は光子を吸収できないことを示そう．いい換えれば，電子が束縛されていること，またその電子と残りの原子との相互作用が光電効果が起こるためには，本質的であることを示す．

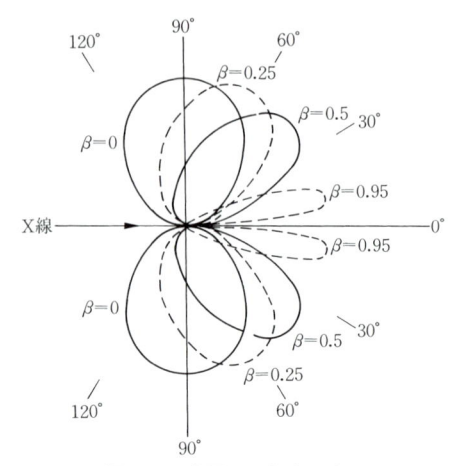

図 7-3. 光電子の角度分布[1]

光子は自由電子によって散乱は受けるけれども,吸収はされないということである.最初静止している自由電子(静止エネルギー mc^2)がエネルギー $h\nu$,運動量 $h\nu/c$ の光子を吸収すると仮定すると,保存則はそれぞれ,

$$mc^2 + h\nu = \frac{mc^2}{\sqrt{1-\beta^2}} \qquad (7.11)$$

$$\frac{h\nu}{c} = \frac{mc\beta}{\sqrt{1-\beta^2}} \qquad (7.12)$$

$\beta = v/c$ は,光子を吸収したあとの電子の速さと光速との比である.両式より,

$$mc^2 = \frac{mc^2(1-\beta)}{\sqrt{1-\beta^2}} \qquad (7.13)$$

この方程式の解は $\beta=0$ となる.よって (7.11) より,$h\nu=0$ となり,これは矛盾である.結論として,光子を吸収する電子が保存則を満たすために,原子核やほかの軌道電子と相互作用するから光電効果が起こるのである.

3. Compton 散乱

1922 年 Compton は,モリブデン Kα X 線(エネルギー 17.4 keV,波長 $\lambda = 0.071$ nm)をグラファイトのターゲットに当て,いろいろの角度 θ に散乱され

る光子の波長 λ' を測定した.その結果,散乱された光子の λ' は λ より長くなることを見出した.これを Compton 効果という.古典電磁気学の波動理論は,これより以前に知られていた Thomson 散乱を説明できたけれども,この Compton 効果は説明できなかった.そこで Compton は図 7-4 に示す量子モデルを考えた.光電効果と同様に Compton 効果は光の粒子性に確証を与えた.

エネルギー $h\nu$,運動量 $h\nu/c$ の光子が静止している自由電子に当たる.衝突後,光子はエネルギー $h\nu'$,運動量 $h\nu'/c$ をもって角度 θ 方向に散乱される.また,電子は全エネルギー E',運動量 P' で ϕ 方向に反跳される.これから,

$$h\nu + mc^2 = h\nu' + E' \tag{7.14}$$

$$\frac{h\nu}{c} = \frac{h\nu'}{c}\cos\theta + P'\cos\phi \tag{7.15}$$

$$\frac{h\nu'}{c}\sin\theta = P'\sin\phi \tag{7.16}$$

が得られる.これらより $h\nu'$ を求めると,

$$h\nu' = \frac{h\nu}{1 + \dfrac{h\nu}{mc^2}(1-\cos\theta)} \tag{7.17}$$

二次電子が得た運動エネルギーは,

$$T = h\nu - h\nu' = h\nu \frac{1-\cos\theta}{\dfrac{mc^2}{h\nu} + 1 - \cos\theta} \tag{7.18}$$

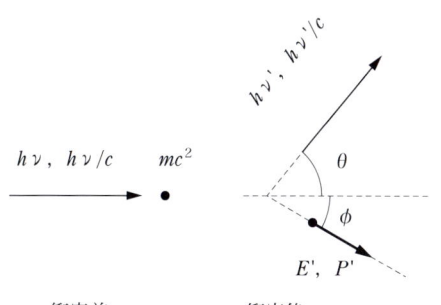

図 7-4. Compton 散乱

これから，$\theta=180°$のとき二次電子は最大エネルギー

$$T_{\max}=\frac{2\,h\nu}{2+\dfrac{mc^2}{h\nu}} \tag{7.19}$$

光子エネルギーがmc^2に比べて非常に大きくなると，$T_{\max}$は$h\nu$に近づく．電子の反跳角ϕとθの間には次の関係が成り立つ．

$$\cot\frac{\theta}{2}=\left(1+\frac{h\nu}{mc^2}\right)\tan\phi \tag{7.20}$$

θが0°から180°まで増すと，$\cot(\theta/2)$は∞から0に減少する．したがって，ϕは90°から0°に減少する．光子はあらゆる方向に散乱されるのに対して，電子反跳角ϕは常に前方方向（$0\leq\phi\leq90°$）に限られる．

光子-電子相互作用に基礎をおいたCompton散乱の量子力学理論は散乱光子の角度分布を与える．

$$\frac{d\sigma_{\mathrm{KN}}}{d\Omega}=\frac{r_e^2}{2}\left(\frac{\nu'}{\nu}\right)^2\left(\frac{\nu}{\nu'}+\frac{\nu'}{\nu}-\sin^2\theta\right) \tag{7.21}$$

これをKlein-Nishinaの式という．これに(7.17)を代入すると，

$$\frac{d\sigma_{\mathrm{KN}}}{d\Omega}=\frac{r_e^2}{2}\left\{\frac{1}{1+\alpha\,(1-\cos\theta)}\right\}^2\left[1+\cos^2\theta+\frac{\alpha^2(1-\cos\theta)^2}{1+\alpha\,(1-\cos\theta)}\right] \tag{7.22}$$

ただし，

$$\alpha=\frac{h\nu}{mc^2} \tag{7.23}$$

が得られる．$\alpha\ll 1$のときには上式は近似的に

$$\frac{d\sigma_{\mathrm{KN}}}{d\Omega}=\frac{r_e^2}{2}(1+\cos^2\theta) \tag{7.24}$$

となり，Thomson断面積とまったく同じになる．全断面積は(7.22)を積分して，

$$\sigma_{\mathrm{KN}}=2\pi\int_0^\pi\frac{d\sigma_{\mathrm{KN}}}{d\Omega}\sin\theta d\theta \tag{7.25}$$

によって求めることができる．また，反跳電子のエネルギースペクトルは結果のみ示すが，

$$\frac{d\sigma_{\mathrm{KN}}(T)}{dT}=\frac{\pi r_e^2}{\alpha^2(mc^2)}\left\{2+\left(\frac{T}{h\nu-T}\right)^2\left[\frac{1}{\alpha^2}+\frac{h\nu-T}{h\nu}-\frac{2}{\alpha}\frac{(h\nu-T)}{T}\right]\right\}$$

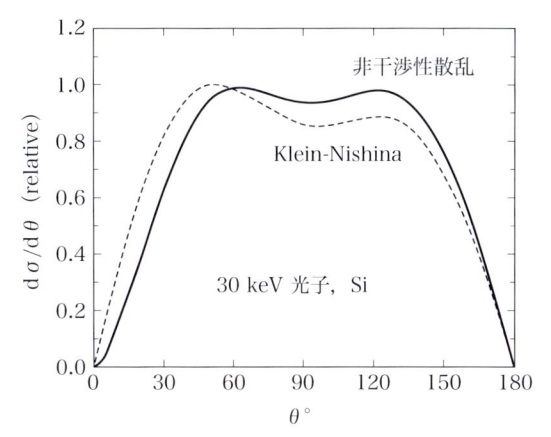

図 7-5. Klein-Nishina 散乱と非干渉性散乱の角度分布

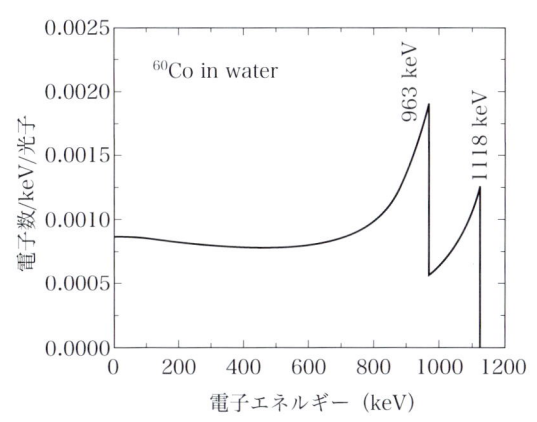

図 7-6. ^{60}Co γ 線に対する Compton 反跳電子のスペクトル

(7.26)

となる．図 7-5 に Klein-Nishina 散乱断面積の角分布を示す．図 7-6 に ^{60}Co の 2 本の γ 線に対する反跳電子のエネルギースペクトルを示す．スペクトルは最大値をもつが，これを γ 線分光学では Compton edge と呼んでいる．

線量測定において重要な項目を整理しておく．エネルギー $h\nu$ の光子に対して，Klein-Nishina エネルギー転移断面積 σ^{tr} を以下のように書く．

$$\frac{d\sigma^{tr}}{d\Omega} = \frac{T}{h\nu} \frac{d\sigma_{KN}}{d\Omega} \tag{7.27}$$

平均反跳エネルギーは,

$$T_{avg} = h\nu \frac{\sigma^{tr}}{\sigma_{KN}} \tag{7.28}$$

で与えられる．エネルギー転移断面積 σ^{tr} は入射光子エネルギーのうち，Compton 電子に移された割合の平均値を与える．同様に，散乱光子で運ばれたエネルギーに対する断面積を

$$\frac{d\sigma^{s}}{d\Omega} = \frac{\nu'}{\nu} \frac{d\sigma_{KN}}{d\Omega} \tag{7.29}$$

で定義する．散乱光子の平均エネルギーは,

$$(h\nu')_{avg} = h\nu \frac{\sigma^{s}}{\sigma_{KN}} \tag{7.30}$$

Compton 衝突断面積は,

$$\frac{T_{avg}}{h\nu} + \frac{(h\nu')_{avg}}{h\nu} = 1 \tag{7.31}$$

より，エネルギー転移とエネルギー散乱断面積の和である．

$$\sigma_{KN} = \sigma^{tr} + \sigma^{s} \tag{7.32}$$

　物質の原子構造を考慮に入れると，多数の自由電子による散乱は非干渉性なので，Compton 散乱は非干渉性散乱になる．この断面積を σ_{incoh} とすれば，干渉性散乱の場合と同じように,

$$\frac{d\sigma_{incoh}}{d\Omega} = S(Z, v) \frac{d\sigma_{KN}}{d\Omega} \tag{7.33}$$

になる．非干渉散乱関数 $S(Z, v)$ は光子から運動量を受け取った軌道電子が，原子を励起あるいは電離する確率を表わし，前方 Klein-Nishina 散乱断面積を小さくする効果をもつ．Hubbell らは原子ごとに v の関数として $S(Z,v)$ の表を与えている．30 keV 光子の Si 原子に対する非干渉性散乱断面積と Klein-Nishina 断面積との比較を図 7-5 に示す．

4．電子対生成

　光子のエネルギーが電子静止エネルギーの少なくとも 2 倍であるとき（$h\nu \geq$

$2mc^2$），光子は原子核の場において電子-陽電子対に変換される．対生成は原子の電子の場でも起こるが，確率はかなり小さく，閾値は $4mc^2$ である．この過程は，電子対に加えて反跳電子もあるのでしばしば三重対生成と呼ばれる．核の場において対生成が起こったとき，重い核は無視できるエネルギーをもって反跳される．したがって，光子エネルギー $h\nu$ は $2mc^2$ プラス陽電子，電子の運動エネルギー T_+ と T_- に変換される．

$$h\nu = 2mc^2 + T_+ + T_- \tag{7.34}$$

余分のエネルギーの電子と陽電子への分配は連続的であり，両方の運動エネルギーともに 0 から最大 $h\nu - 2mc^2$ まで変化する．さらに，エネルギースペクトルはほとんど同じで，核の原子番号に依存する．電子対生成の閾エネルギーは 1.022 MeV で，光子エネルギーの増加につれて起こる確率が増し，大体 Z^2 に比例して増加する．Bethe-Heitler による計算では，陽電子生成に関する断面積は，

$$\frac{d\sigma_{PC}}{dT_+} = \frac{\sigma_0 Z^2}{h\nu - 2mc^2} P \tag{7.35}$$

ここで $\sigma_0 = 0.5794 \times 10^{-27}$ cm²/nucleus である．P は $h\nu$ と Z の複雑な関数である．$h\nu = 5$ MeV と 20 MeV のとき，生成された陽電子のエネルギー分布を図7-7に示す．また，全断面積は近似的に

$$\sigma \sim NZ^2(h\nu - 2mc^2) \quad (h\nu \geq 2mc^2) \tag{7.36}$$
$$\sigma \sim NZ^2 \log h\nu \quad (h\nu \gg 2mc^2) \tag{7.37}$$

で与えられている．陽電子，電子の放出方向の平均角度は光子の進行方向に対して，

$$\theta_\pm = \frac{mc^2}{T_\pm} \tag{7.38}$$

と近似できる．方位角方向については電子と陽電子は 180° をなす．

　電子と陽電子が消滅して光子を生成する逆の過程も起こる．陽電子は減速して電子を引きつけ，ポジトロニウムを形成する．ポジトロニウムは水素原子とよく似た束縛状態にあり，互いの質量中心を回る軌道にいる電子-陽電子対でできている．これは対消滅前の $\sim 10^{-10}$ s の間存在する．壊変前のポジトロニウムの全運動量は 0 なので，2 個の光子は運動量を保存するよう生成されなければならない．もっとも起こりやすいイベントは反対方向に進む 2 個の 0.511 MeV

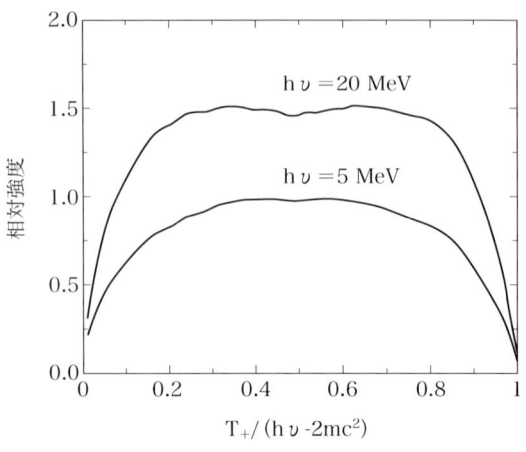

図 7-7. 陽電子のエネルギー分布

光子の生成である．陽電子はおよそ 10% 以下の割合で飛行中に消滅する．もし陽電子が飛行中に消滅すれば，その運動エネルギー $+2mc^2$ が全光子エネルギーになる．

これまでに述べた光子相互作用の断面積については，多くの人々によってデータテーブルが出版されている．通常は barn/atom 単位の原子断面積で与えられている．これらは原子構造を取り入れているので，Thomson ではなく干渉性散乱，また Compton ではなく非干渉性散乱と表わされており，当然軌道電子数の違いも考慮されている．多原子分子の場合は，各構成原子の barn/atom にそれらの原子数を掛けて足し合わせれば barn/molecule 単位で求まる．図 7-8 に Storm-Israel のデータを用いた水と鉛の断面積を示す．水については barn/molecule，鉛については barn/atom である．

5．光核反応

光子が原子核によって吸収され，核子を叩き出す．この過程を光核反応という．一例を挙げると，γ 線が $^{206}_{82}$Pb 核によって捕獲され，中性子を放出する：$^{206}_{82}$Pb (γ,n) $^{205}_{82}$Pb．光子は，核子の結合を上回る十分なエネルギーを持っていなければならない．ふつう数 MeV 以上である．放出中性子の運動エネルギーは，光子エネルギーから中性子の結合エネルギーを引いた値になる．

相互作用の種類 103

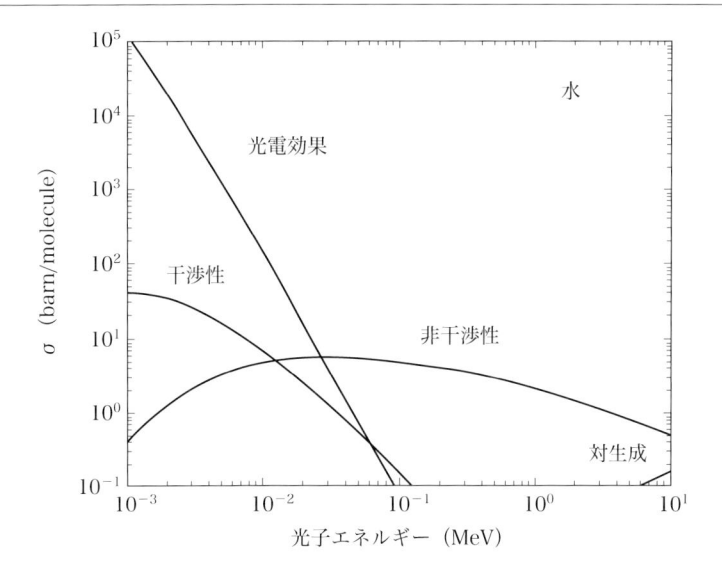

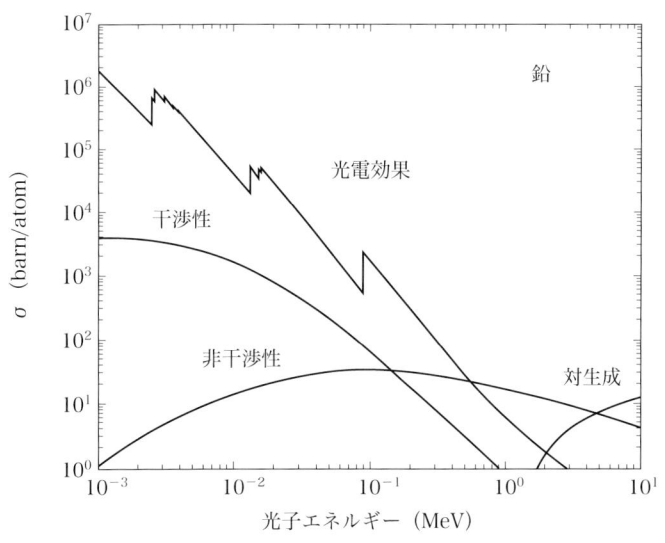

図 7-8. 光子断面積. (a) 水, (b) 鉛

光核反応の確率は光電効果，Compton効果，電子対生成の和よりはるかに小さい．しかし，この反応は中性子を作るので，放射線防護において問題になる．さらに，反応後の残留核は放射性であることが多い．これらの理由から，光核反応は高エネルギー光子を作る高エネルギー電子加速器の周囲で重要である．中性子が発生する（γ, n）反応のQ値を表7-2に示す．（γ, p）反応の閾値は，陽子が核から逃げ出すにはCoulomb障壁の斥力を超えなければならないので，（γ, n）反応の閾値より高い．ほかにも（γ, 2n）や（γ, np），（γ, α）反応が起こる．

B. 減弱係数

物質における光子の透過は，単位長さ当たりの相互作用の確率によって統計的に支配される．この確率μを線減弱係数あるいは巨視的断面積という．長さの逆数の次元（たとえばcm^{-1}）をもつ．係数μは光子エネルギーと物質に依存する．質量減弱係数μ/ρは，μを物質の密度ρで割ったものである．ふつう$cm^2 g^{-1}$で表わされ，gcm^{-2}当たりの相互作用の確率を表わす．

単一エネルギー光子は，一様なターゲットの中で指数関数的に減衰する．N_0個の単色光子の細い線束が，板状物質に垂直に入射するとする．ビームが吸収体に入ると，ある光子は散乱され，あるものは吸収される．いま，相互作用せ

表 7-2．（γ, n）反応のQ値[12]

反応	Q値（MeV）	生成核の壊変形式
^{12}C （γ, n）^{11}C	−19.0	β^+
^{14}N （γ, n）^{13}N	−10.7	β^+
^{16}O （γ, n）^{15}O	−16.3	β^+
^{23}Na （γ, n）^{22}Na	−12.1	β^+
^{27}Al （γ, n）^{26}Al	−14.0	β^+
^{40}Ca （γ, n）^{39}Ca	−15.9	β^+
^{56}Fe （γ, n）^{55}Fe	−11.2	EC
^{63}Cu （γ, n）^{62}Cu	−10.9	β^+
^{65}Cu （γ, n）^{64}Cu	−10.2	EC (100)，β^- (38)，β^+ (19)
^{206}Pb （γ, n）^{205}Pb	−8.25	EC
^{207}Pb （γ, n）^{206}Pb	−6.85	安定
^{208}Pb （γ, n）^{207}Pb	−8.1	安定

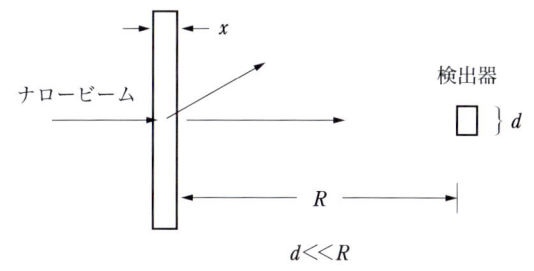

図 7-9．ナロービームによる減弱係数の測定

ずに深さ x に到達した光子数を $N(x)$ とする．微小間隔 dx 内での相互作用の数 dN は，

$$dN = -\mu N dx \tag{7.39}$$

と書ける．ここで比例定数 μ は線減弱係数である．これから，

$$N(x) = N_0 e^{-\mu x} \tag{7.40}$$

N/N_0 は垂直入射光子が相互作用せずに厚さ x の板を横切る確率である．線減弱係数は図 7-9 に示す実験方法によって測定できる．寸法 d の小さい検出器が距離 $R \gg d$ に置かれる．このような条件を"ナロービーム"または"良い"散乱配置という．相互作用せずに板を横切った光子のみが検出される．吸収体の厚さの関数として，検出器に到達する光子の割合と，(7.40) より μ が得られる．

ある物質における，あるエネルギーの光子の線減弱係数は，ナロービームから光子を除く種々の過程の寄与の和である．

$$\mu = \tau + \sigma + \kappa \tag{7.41}$$

ここで τ, σ, κ はそれぞれ，光電効果，Compton 効果，電子対生成に対する線減弱係数を表わす．ここでは干渉性散乱と光核反応は省いた．密度 ρ の物質に対する質量減弱係数はそれぞれ τ/ρ, σ/ρ, κ/ρ である．1 keV から 10 MeV の光子に対する，いろいろの元素や物質の質量減弱係数を図 7-10 に示す．低エネルギーでは電子束縛エネルギーが重要であり，光電効果が支配的である．Z の大きい物質はより大きい減弱と吸収を与えるが，エネルギーが増すと急速に減少する．数 100 keV 以上では Compton 散乱が支配的になる．1.022 MeV 以上では電子対生成が増加していく．

原子断面積（barn/atom）から線減弱係数を求めるには，換算する必要があ

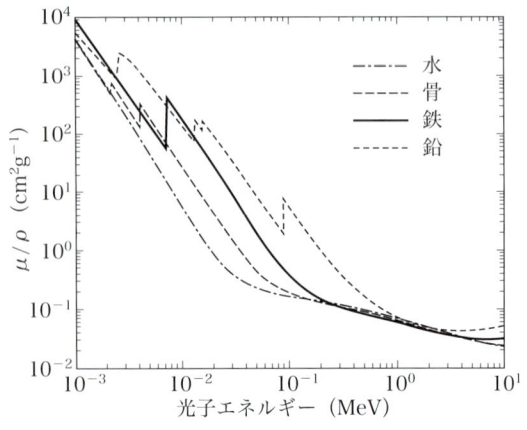

図 7-10. 種々の物質の質量減弱係数

る．線減弱係数 μ は原子密度 N_A と全原子断面積 σ_A との積に等しい．

$$\mu = N_A \sigma_A \quad (7.42)$$

A をグラム原子量，N_0 を Avogadro 数とすれば，atom/cm³ は $N_A = (\rho/A)N_0$ になる．よって，

$$\frac{\mu}{\rho} = \frac{N_0 \sigma_A}{A} \quad (7.43)$$

この式は，質量減弱係数と原子断面積の関係を与える．化合物や混合物の場合には，各元素からの寄与を加えればよい．ある化合物のグラム分子量を A グラム，1分子の j 番目の元素の原子数を f^j 個，原子断面積を σ_A^j とすれば，

$$\frac{\mu}{\rho} = \frac{N_0}{A} \sum_j f^j \sigma_A^j \quad (7.44)$$

で求められる．

C. X 線の半価層

診断用 X 線は連続スペクトルであり，エネルギーは単一ではない．物質による減弱を考えた場合，低エネルギー側の成分ほど減弱されやすいので，物質を

透過した後のX線は，高エネルギー光子の割合が多くなる．このような単一エネルギーでない光子の減弱は光子数では扱えない．代わりに，照射線量あるいは照射線量率の単位で測定を行い，線量あるいは線量率が半分になる吸収体（フィルタ）の厚さで表わす．そのときの吸収体の厚さを半価層(HVL)という．半価層測定は，X線の線質を簡単に求める方法として広く行われている．半価層を測定する際には，ナロービームを用いなければならない．それはX線束が広いとフィルタからの散乱線が付加されて，測定された半価層の値は真の値よりも大きくなってしまうためである．

フィルタのないときの線量率を I_0，厚さ x のフィルタに対する線量率を I とすれば，

$$I = I_0 e^{-\mu x} \tag{7.45}$$

である．半価層の定義から $I/I_0 = 1/2$ になる x が半価層であるから，その厚さは，

$$\mathrm{HVL} = \frac{\ln 2}{\mu} = \frac{0.693}{\mu} \tag{7.46}$$

で与えられる．あるフィルタ物質について，連続エネルギー分布をもつX線の半価層が，単一エネルギー光子の半価層と等しい場合，この光子のエネルギーを連続X線の実効エネルギーとよぶ．

X線発生装置の電圧は尖頭電圧でよばれているが，一般に実効電圧（実効エネルギー）は尖頭電圧の1/2以下である．半価層を透過したX線は，透過前のX線よりも平均的にエネルギーが高く，すなわち硬くなっている．したがって，透過後のX線の線量率を再び半分にするのに必要なフィルタ，すなわち第2半価層は第1半価層よりも厚くなる．

D．エネルギー転移係数・エネルギー吸収係数

図7-11に示すように，幅広い平行単色光子ビームが厚さ x の吸収体に垂直に入射したとする．入射フルエンスを Φ_0，エネルギーフルエンスを Ψ_0，フルエンス率を $\dot{\Phi}_0$，エネルギーフルエンス率を $\dot{\Psi}_0$ とすれば，

$$\Psi_0 = \Phi_0 h\nu, \qquad \dot{\Psi}_0 = \dot{\Phi}_0 h\nu \tag{7.47}$$

図において，板に吸収されるエネルギーを推量するために，検出器に達する放

射線の強さ $\dot{\Psi}$ を測定する．幅広いビームの条件の下では検出器は相互作用しなかった光子とともに，散乱線，特性X線，制動放射も受け取る．こうして，相互作用した入射光子のエネルギーすべてが必ずしも物質に吸収されないことになる．したがって，光子のエネルギー損失の機構を検討する必要がある．

　光電効果において，エネルギー $h\nu$ の光子が吸収されると $T=h\nu-B$ の初期運動エネルギーを持った二次電子が作られる．光電子放出後，内殻の空きは直ちに埋められ，特性X線かまたはAuger電子を放出する．光電子とAuger電子に渡されたエネルギーの割合は $1-\delta/h\nu$ で，δ は蛍光X線の平均エネルギーである．光電効果の質量減弱係数を τ/ρ とすれば，質量エネルギー転移係数は，

$$\frac{\tau_{tr}}{\rho}=\frac{\tau}{\rho}\left(1-\frac{\delta}{h\nu}\right) \quad (7.48)$$

で表わされる．光電子とAuger電子は，続いてある程度の制動放射線を放出するので，エネルギー転移係数はエネルギー吸収を表わしていない．

　単色光子のCompton散乱においては，質量エネルギー転移係数は，

$$\frac{\sigma_{tr}}{\rho}=\frac{\sigma}{\rho}\frac{T_{avg}}{h\nu} \quad (7.49)$$

$T_{avg}/h\nu$ はCompton電子の初期運動エネルギーに変換された平均の割合である．ここにはCompton電子による制動放射は考慮に入れていない．

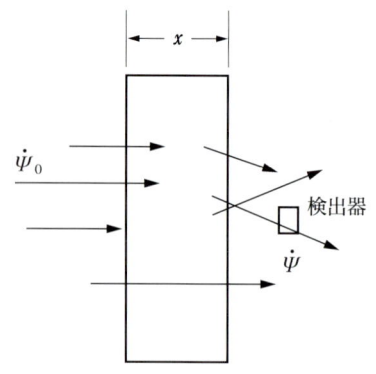

図7-11．ブロードビームによる測定

電子対生成においては，電子-陽電子対の初期運動エネルギーの合計は $h\nu - 2mc^2$ であるから，

$$\frac{\kappa_{\mathrm{tr}}}{\rho} = \frac{\kappa}{\rho}\left(1 - \frac{2mc^2}{h\nu}\right) \tag{7.50}$$

となる．よって全質量エネルギー転移係数は，

$$\frac{\mu_{\mathrm{tr}}}{\rho} = \frac{\tau}{\rho}\left(1 - \frac{\delta}{h\nu}\right) + \frac{\sigma}{\rho}\left(\frac{T_{\mathrm{avg}}}{h\nu}\right) + \frac{\kappa}{\rho}\left(1 - \frac{2mc^2}{h\nu}\right) \tag{7.51}$$

この係数は光子によって直接的，間接的に作られたすべての電子の初期運動エネルギーを決定している．制動放射を除けば，相互作用点の近傍における吸収エネルギーは転移エネルギーと同じである．制動放射によって放出されるエネルギーの平均の割合を g として，質量エネルギー吸収係数を次のように定義する．

$$\frac{\mu_{\mathrm{en}}}{\rho} = \frac{\mu_{\mathrm{tr}}}{\rho}(1-g) \tag{7.52}$$

1 keV から 10 MeV の光子に対する，いろいろの元素や物質の質量エネルギー吸収係数を図 7-12 に示す．表 7-3 にいろいろの係数の違いを水と鉛について示す．水の制動放射は 10 MeV 以下では重要でないことが分かる．一方，鉛の場合質量エネルギー転移係数と質量エネルギー吸収係数との間の差は制動放射によって説明できる．

これまでのことから，現実に近い条件の下で，吸収エネルギーと転移エネルギーを計算しよう．図 7-11 において，板の厚さは入射光子や二次光子の平均自由行程に比べて薄い，と仮定する．したがって，(1) 板の中での光子の多重散乱は無視できる，(2) 蛍光 X 線と制動放射は板から逃げる，(3) 一方，二次電子は板の中に止まる．こうした条件の下，通り抜ける強度は，

$$\dot{\Psi} = \dot{\Psi}_0 e^{-\mu_{\mathrm{en}} x} \tag{7.53}$$

と書ける．$\mu_{\mathrm{en}} x \ll 1$ のとき，$\exp(-\mu_{\mathrm{en}} x) \sim 1 - \mu_{\mathrm{en}} x$ となるから，

$$\dot{\Psi}_0 - \dot{\Psi} = \dot{\Psi}_0 \mu_{\mathrm{en}} x \tag{7.54}$$

板の面積 A 内で吸収されたエネルギー率は $(\dot{\Psi}_0 - \dot{\Psi})A = \dot{\Psi}_0 \mu_{\mathrm{en}} x A$，板の質量は $\rho A x$ だから，単位質量当たりのエネルギー吸収率 $\dot{D}$ は，

$$\dot{D} = \frac{\dot{\Psi}_0 \mu_{\mathrm{en}} x A}{\rho A x} = \dot{\Psi}_0 \frac{\mu_{\mathrm{en}}}{\rho} \tag{7.55}$$

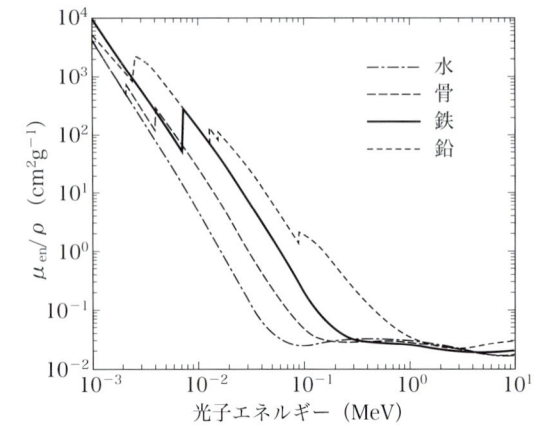

図 7-12. 種々の物質の質量エネルギー吸収係数

表 7-3. 水と鉛における光子の質量減弱係数，質量エネルギー転移係数，質量エネルギー吸収係数 (cm² g⁻¹)

光子エネルギー (MeV)	水			鉛		
	μ/ρ	μ_{tr}/ρ	μ_{en}/ρ	μ/ρ	μ_{tr}/ρ	μ_{en}/ρ
0.01	5.33	4.95	4.95	131.0	126.0	126.0
0.10	0.171	0.0255	0.0255	5.55	2.16	2.16
1.0	0.0708	0.0311	0.0310	0.0710	0.0389	0.0379
10.0	0.0222	0.0163	0.0157	0.0497	0.0418	0.0325
100.0	0.0173	0.0167	0.0122	0.0931	0.0918	0.0323

電子平衡が成立している条件の下では，媒質内のある点における吸収線量率は，エネルギーフルエンス率と質量エネルギー吸収係数との積に等しいことを (7.55) は意味している．

質量エネルギー転移係数について同様の式を立てることができる．

$$\dot{K} = \dot{\Psi}_0 \frac{\mu_{tr}}{\rho} \tag{7.56}$$

$\dot{K}$ を平均カーマ率という．これは電子平衡の条件に関係なく成立する．カーマ kinetic energy released in material は，非荷電粒子（光子，中性子）によって解放されたすべての荷電粒子の初期運動エネルギーの総和を単位質量で割った量である．

8. 電子と物質との相互作用

Summary

1. 荷電粒子が物質を進むとき，原子の電子に電磁気力を及ぼし，原子を電離・励起することによってエネルギーを失う．
2. 荷電粒子の媒質中における単位長さ当たりの平均エネルギー損失を，粒子に対する媒質の阻止能という．
3. 電子の全質量阻止能は，質量衝突阻止能と質量放射阻止能の和である．
4. 電子は原子の電子との衝突および原子核との多重散乱によって大きく曲げられ，物質中をまっすぐに進まない．しかし，飛程は連続減速近似によって定義する．
5. 電子の水における Cerenkov 放射の閾エネルギーは 257 keV である．

A．荷電粒子のエネルギー損失過程

荷電粒子が物質を進むとき，おもに原子を電離・励起することによってエネルギーを失う．動いている荷電粒子は，原子の電子に電磁気力を及ぼし，電子にエネルギーを与える．移されるエネルギーは電子を叩き出して原子を電離するのに十分かもしれないし，あるいは原子を電離していない励起状態におくかもしれない．重い荷電粒子は，1回の衝突で自分のエネルギーのごく一部を与える．衝突による進路の偏向は無視できる．このように重荷電粒子は，原子の電子と衝突してほぼ連続的に少量のエネルギーを失い，その跡に電離あるいは励起した原子を残しながら，物質中をほとんど直線的に進んでいく．ただし時折原子核によって Rutherford 散乱を受け，進路が大きく曲げられることがある．

電子と陽電子も物質中で減速するとき，ほぼ連続的にエネルギーを失う．そのエネルギーの大部分を同じ質量を持っている核外電子との 1 回の衝突によって失う．その際，運動学より決まる散乱角は一般に大きいために進路が大きく曲げられる．エネルギーの損失はないが，電子の質量は小さいので，原子核との弾性散乱によって大きく散乱される．このため重荷電粒子と違って，電子と陽電子は物質の中をまっすぐに進まない．また，電子は原子核によって鋭く曲げられるとき，制動放射といわれる光子を放出する．制動放射の阻止能への寄与は，高エネルギーにおいてとりわけ重要になる．たとえば，水における放射損失は 100 MeV では，全エネルギー損失のおよそ半分を占める．図 8-1 にモンテカルロシミュレーションによって計算した，100 keV 陽子と 10 keV 電子の水中における飛跡の違いを示す．陽子はほぼ直線を，電子は曲がりくねって進んでいることが分かる．

1．阻止能の定義

荷電粒子と電子との衝突におけるエネルギー移行（荷電粒子からすればエネルギー損失）を求めよう．電子の束縛エネルギーに比べて移されるエネルギーは大きいとすると，電子は静止した自由電子と見なすことができる．質量 M，速度 V の荷電粒子（電子や陽電子も含む）が質量 m の静止した電子に近づく．正面衝突の場合にエネルギー移行は最大になる．衝突後，粒子は V_1，電子は v_1

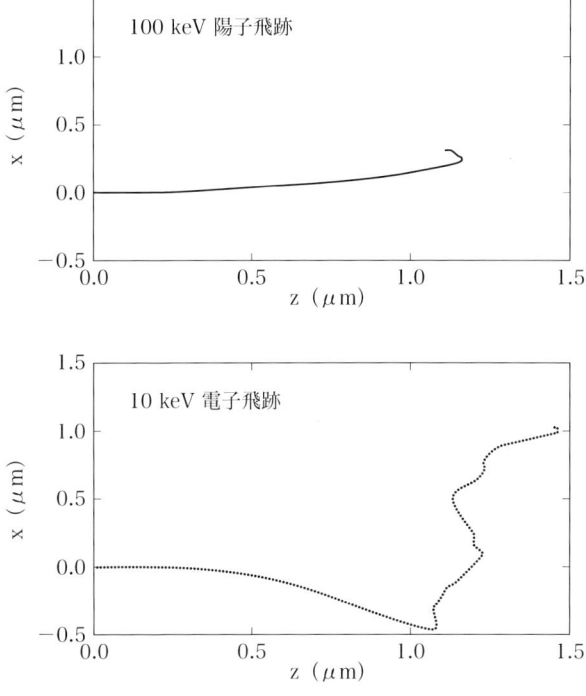

図 8-1. モンテカルロシミュレーションによって生成された 100 keV 陽子と 10 keV 電子の水中における飛跡

をもって入射線上を進むとする．力学的保存則より，

$$\frac{1}{2}MV^2 = \frac{1}{2}MV_1^2 + \frac{1}{2}mv_1^2 \qquad (8.1)$$

$$MV = MV_1 + mv_1 \qquad (8.2)$$

これから V_1 を求めると，

$$V_1 = \frac{(M-m)V}{M+m} \qquad (8.3)$$

電子へ移される最大エネルギー Q_{max} は，

$$Q_{max} = \frac{1}{2}MV^2 - \frac{1}{2}MV_1^2 = \frac{4mME}{(M+m)^2} \qquad (8.4)$$

である．$E = MV^2/2$ は入射粒子の初期エネルギーである．入射粒子が電子または陽電子のときは，$M = m$ より $Q_{\max} = E$ になり，全エネルギーが 1 回の衝突によって移される．最大エネルギー移行の厳密な相対論的表現は，

$$Q_{\max} = \frac{2\gamma^2 mV^2}{1 + 2\gamma m/M + m^2/M^2} \tag{8.5}$$

である．ここで，M, m は静止質量，$\gamma = 1/\sqrt{1-\beta^2}$, $\beta = V/c$ である．もし $\gamma m/M \ll 1$ ならば，

$$Q_{\max} = 2\gamma^2 mc^2 \beta^2 \tag{8.6}$$

ここまでは弾性衝突，すなわち媒質原子の内部には何の変化も及ぼさない，と仮定した結果であるが，実際には非弾性衝突が起こり，少量のエネルギー移行に対しては上の条件は適用できない．事実，1 回の衝突におけるエネルギー移行量 Q は，$Q_{\min} < Q < Q_{\max}$ の範囲で連続的な分布を示すことが実験的に確かめられている．Q の平均値は入射エネルギーに依存して変わるが，おおよそ 20 eV である．

荷電粒子の媒質中における距離当たりの平均エネルギー損失（たとえばMeVcm^{-1}で表わされる）は，放射線物理学や放射線測定において基本的に重要である．$-dE/dx$ と書くこの量を粒子に対する媒質の阻止能という．また，粒子の立場に立って，粒子の線エネルギー付与 LET (linear energy transfer) で表わす場合もある．LET の単位は keVμm^{-1} がよく用いられる．阻止能や LET は，荷電粒子および光子や中性子のような非荷電粒子によって作られる反跳荷電粒子によって与えられる線量に密接に関連している．また，種々の放射線の生物学的効果にも関連している．

阻止能は，(1) 衝突当たりの平均エネルギー損失 Q_{avg} と，(2) 単位長さ当たり衝突が起こる確率 μ の積で定義される．μ は巨視的断面積あるいは線減弱係数とよばれ，長さの逆数の次元をもつ．前者の Q_{avg} は，

$$Q_{\mathrm{avg}} = \int_{Q_{\min}}^{Q_{\max}} QW(Q) dQ \tag{8.7}$$

で与えられる．$W(Q)$ は 1 回衝突におけるエネルギー損失スペクトルである．線阻止能は次式で定義される．

$$-\frac{dE}{dx} = \mu Q_{\mathrm{avg}} = \mu \int_{Q_{\min}}^{Q_{\max}} QW(Q) dQ \tag{8.8}$$

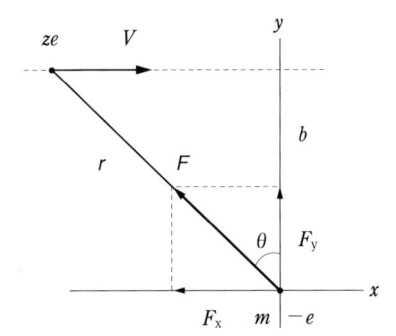

図 8-2. 荷電粒子と電子との衝突モデル

線阻止能の単位は MeVcm^{-1} が一般的である．これを物質の密度 ρ で割った $-dE/(\rho dx)$ を質量阻止能といい，役に立つことが多い．単位は MeVcm^{2}g^{-1} を用いるのが一般的である．阻止能の値は粒子の種類，エネルギー，媒質によって変化する．

2．Bohr の阻止能理論

1913 年 Bohr は半古典的理論に基づいて，重い荷電粒子に対する阻止能公式を導いた．電子に対しても基本的には同じ考え方で取り扱うことができるが，後に述べるように重荷電粒子とは異なるやや面倒な条件があるので，ここでは重荷電粒子として話を進める．図 8-2 において，電荷 ze，速度 V の荷電粒子が，垂直距離 b だけ離れた電子(電荷 $-e$，質量 m)のそばをすばやく通り抜けるとする．b を衝突径数という．電子は最初，xy 座標の原点に静止しているとする．さらに，衝突は瞬間的に起こり，電子が動く前には終わっていると仮定する．粒子と電子の間に Coulomb 引力 $F = ze^2/(4\pi\varepsilon_0 r^2)$ が働く．その成分 F_x は電子に運動量を渡さないと近似する．荷電粒子は力の垂直成分 F_y を通じて電子に運動量を渡す．衝突において電子に与えられる全運動量は，

$$p = \int_{-\infty}^{\infty} F_y dt = \int_{-\infty}^{\infty} F\cos\theta dt = \frac{ze^2}{4\pi\varepsilon_0} \int_{-\infty}^{\infty} \frac{\cos\theta}{r^2} dt \tag{8.9}$$

荷電粒子が y 軸を横切ったときを $t=0$ とする．$\cos\theta = b/r$ かつ時間的に対称なので，

$$\int_{-\infty}^{\infty} \frac{\cos\theta}{r^2} \, dt = 2 \int_0^\infty \frac{b}{r^3} \, dt = 2b \int_0^\infty \frac{dt}{(b^2 + V^2 t^2)^{3/2}} = \frac{2}{Vb} \tag{8.10}$$

よって，電子に移行した運動量は，

$$p = \frac{ze^2}{2\pi\varepsilon_0 Vb} \tag{8.11}$$

移行したエネルギーは，

$$Q = \frac{p^2}{2m} = \frac{z^2 e^4}{8\pi^2 \varepsilon_0^2 m V^2 b^2} \tag{8.12}$$

単位体積当たり n 個の一様電子密度をもつ媒質中を dx 進むとき，荷電粒子は衝突径数 (b, $b+db$) 間で $2\pi n b \, db \, dx$ 個の電子と出会う．ゆえに，単位長さ当たりこれらの電子に与えたエネルギーは $2\pi n Q b \, db$ となる．全エネルギー損失は，b について積分すれば得られる．

$$-\frac{dE}{dx} = 2\pi n \int_{Q_{\min}}^{Q_{\max}} Q b \, db = \frac{z^2 e^4 n}{4\pi\varepsilon_0^2 m V^2} \ln \frac{b_{\max}}{b_{\min}} \tag{8.13}$$

次に，$b_{\max}$ と $b_{\min}$ を求める必要がある．衝突径数の最大値は，量子的遷移は粒子の通過が電子の運動周期よりも速いときに起こる，ということから推定できる．電子の周期を $1/f$ とする．衝突時間は b/V 程度である．これらから，

$$\frac{b}{V} < \frac{1}{f} \qquad \text{または } b_{\max} \sim \frac{V}{f} \tag{8.14}$$

最小衝突径数については，衝突の間粒子の位置はその de Broglie 波長程度，少なくとも $b_{\min}$ だけ離れていると考えられる．この条件は質量の小さい電子で制限される．電子の de Broglie 波長は $\lambda = h/mV$ である．したがって，

$$b_{\min} \sim \frac{h}{mV} \tag{8.15}$$

(8.13), (8.14), (8.15) より，Bohr の半古典的阻止能公式が得られる．

$$-\frac{dE}{dx} = \frac{z^2 e^4 n}{4\pi\varepsilon_0^2 m V^2} \ln \frac{mV^2}{hf} \tag{8.16}$$

この式を導き出した物理の考え方は本質的に正しいことが，後になされた量子力学的計算によって立証された．

B. 衝突阻止能

電子と陽電子の阻止能や飛程はほとんど同じなので，まとめて電子ということにする．電子の衝突阻止能は2つの理由で重荷電粒子の阻止能と異なる．1つは軌道電子との衝突の際，1回の衝突で多大なエネルギーを失う点である．2つには，負電子は原子の電子と同一であるため，入射電子なのかぶつけられた電子なのか区別できないという点である．エネルギー損失においては，衝突後のエネルギーの高い方を入射電子と見なす．したがって，運動エネルギー T の負電子の場合，移行エネルギーの最大値は $T/2$ になる．

Bohr 以後，Bethe をはじめ多くの人々によって量子力学による阻止能公式が提案されてきたが，ここでは記号の一貫性を保つため，ICRU レポート 37 および 49 に沿って述べる．電子および陽電子に対する質量衝突阻止能は次式で与えられる．

$$\frac{S_{\text{col}}}{\rho} = \frac{2\pi r_e^2 mc^2}{\beta^2} \frac{ZN_A}{A} \left[\ln\left(\frac{T}{I}\right)^2 + \ln\left(1+\frac{\tau}{2}\right) + F^{\mp}(\tau) - \delta \right] \tag{8.17}$$

$$F^-(\tau) = (1-\beta^2)\left[1 + \frac{\tau^2}{8} - (2\tau+1)\ln 2\right] \quad \text{(電子)} \tag{8.18}$$

$$F^+(\tau) = 2\ln 2 - \frac{\beta^2}{12}\left[23 + \frac{14}{\tau+2} + \frac{10}{(\tau+2)^2} + \frac{4}{(\tau+2)^3}\right] \quad \text{(陽電子)} \tag{8.19}$$

ここで，$T =$ 電子の運動エネルギー
　　　$mc^2 =$ 電子静止エネルギー
　　　$\tau = T/mc^2$
　　　$\beta = V/c =$ 電子速度と光速度の比
　　　$r_e = e^2/mc^2 =$ 古典電子半径
　　　$Z =$ ターゲット原子の原子番号
　　　$A =$ ターゲット原子の原子量
　　　$N_A =$ Avogadro 数
　　　$I =$ 媒質の平均励起エネルギー

液体や固体の媒質中では，入射荷電粒子の電場によって媒質が分極するためにエネルギー損失の割合が減少する密度効果がある．(8.17)の最後の項 δ は密度

効果を表わす．ρ を省いた S_{col} は線衝突阻止能とよばれる．S_{col}/ρ は次節の放射阻止能 S_{rad}/ρ と区別するために，collision の添字を付ける．S_{col}/ρ は質量電子阻止能とよばれることもある．

種々の元素の平均励起エネルギー I については，次のような近似式が用いられる．

$$I \approx 19.0 \text{ eV}, \qquad Z=1 \text{ (hydrogen)} \qquad (8.20)$$
$$11.2+11.7\,Z \text{ eV}, \quad 2 \leq Z \leq 13 \qquad (8.21)$$
$$52.8+8.71\,Z \text{ eV}, \quad Z>13 \qquad (8.22)$$

化合物や混合物の質量衝突阻止能は，各構成原子の阻止能の一次結合で近似できる．

$$\frac{S_{\text{col}}}{\rho} = \sum_j w_j \left(\frac{S_{\text{col}}}{\rho}\right)_j \qquad (8.23)$$

w_j は j 番目原子の重量比を表わす．対応する平均励起エネルギーは，

$$\ln I = \frac{\sum_j w_j (Z_j/A_j) \ln I_j}{\sum_j w_j (Z_j/A_j)} \qquad (8.24)$$

で与えられる．

(例) 水の平均励起エネルギー
(8.20) より，$I_{\text{H}} = 19.0$ eV，(8.21) より $I_{\text{O}} = 105$ eV である．これらを (8.24) に代入して計算すると，$\ln I = 4.312$ になり，$I = 74.6$ eV が得られる．

図 8-3 に電子に対するいろいろの物質の質量衝突阻止能を示す．表 8-1 に電子に対する水の質量衝突阻止能，質量放射阻止能などのデータを示す．

電子が 1 回の衝突によって高々半分のエネルギーしか失わないのに対して，陽電子はすべてのエネルギーを失い得る．そのために陽電子の衝突阻止能は陰電子と若干異なる．陽電子の衝突阻止能は，500 keV 以上では電子の約 98% である．また 500 keV 以下では逆に大きくなり 100 keV で 5% 程度，10 keV で 10〜20% 電子よりも大きくなる．

衝突阻止能　119

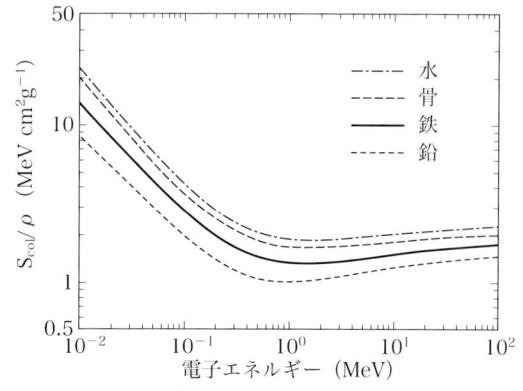

図 8-3．電子に対する種々の物質の質量衝突阻止能

表 8-1．電子に対する水の質量衝突阻止能，質量放射阻止能などのデータ

運動エネルギー (MeV)	β^2	$\dfrac{S_{col}}{\rho}$	$\dfrac{S_{rad}}{\rho}$	$\dfrac{S_{tot}}{\rho}$	放射収量	飛程 (g cm^{-2})
		MeV cm^2 g^{-1}				
0.001	0.0039	126.	—	126.	—	5×10^{-6}
0.002	0.00778	77.5	—	77.5	—	2×10^{-5}
0.005	0.0193	42.6	—	42.6	—	8×10^{-5}
0.010	0.0380	23.2	—	23.2	0.0001	0.0002
0.025	0.0911	11.4	—	11.4	0.0002	0.0012
0.050	0.170	6.75	—	6.75	0.0004	0.0042
0.075	0.239	5.08	—	5.08	0.0006	0.0086
0.1	0.301	4.20	—	4.20	0.0007	0.0140
0.2	0.483	2.84	0.006	2.85	0.0012	0.0440
0.5	0.745	2.06	0.010	2.07	0.0026	0.174
0.7	0.822	1.94	0.013	1.95	0.0036	0.275
1	0.886	1.87	0.017	1.89	0.0049	0.430
4	0.987	1.91	0.065	1.98	0.0168	2.00
7	0.991	1.93	0.084	2.02	0.0208	2.50
10	0.998	2.00	0.183	2.18	0.0416	4.88
100	0.999	2.20	2.40	4.60	0.317	32.5

C. 放射阻止能

　重荷電粒子は，原子との衝突においてほとんど加速を受けないので，制動放射は無視できる．一方，電子は強い加速を受け，制動放射を放出する．制動放射は電子がおもに核の電場によって曲げられるとき起こる．わずかだが軌道電子によっても起こる．質量放射阻止能の定義は，

$$\frac{S_\mathrm{rad}}{\rho} = \frac{N_\mathrm{A}}{A}\left[\int_0^T k\frac{\mathrm{d}\sigma_\mathrm{n}}{\mathrm{d}k}\mathrm{d}k + Z\int_0^{T'} k\frac{\mathrm{d}\sigma_\mathrm{e}}{\mathrm{d}k}\mathrm{d}k\right] \tag{8.25}$$

で与えられる．$\mathrm{d}\sigma_\mathrm{n}/\mathrm{d}k$ は電子と核の Coulomb 場との相互作用によって光子エネルギー k を放出する微分断面積である．この中には暗に Z^2 項が含まれている．$\mathrm{d}\sigma_\mathrm{e}/\mathrm{d}k$ は軌道電子による微分断面積である．T' は電子-電子相互作用において放出される光子エネルギーの上限で，

$$T' = \frac{mc^2 T}{T + 2mc^2 - \beta(T + mc^2)} \tag{8.26}$$

で与えられる．ICRU 37 では便利なように，無次元の放射エネルギー損失断面積を導入している．

$$\phi_\mathrm{rad,n} = \frac{1}{\alpha r_\mathrm{e}^2 Z^2}\int_0^T \frac{k}{E}\frac{\mathrm{d}\sigma_\mathrm{n}}{\mathrm{d}k}\mathrm{d}k \tag{8.27}$$

$$\phi_\mathrm{rad,e} = \frac{1}{\alpha r_\mathrm{e}^2}\int_0^{T'} \frac{k}{E}\frac{\mathrm{d}\sigma_\mathrm{e}}{\mathrm{d}k}\mathrm{d}k \tag{8.28}$$

α は微細構造定数($=1/137$)，$E = T + mc^2$ である．これらを用いて質量放射阻止能を表わすと，

$$\frac{S_\mathrm{rad}}{\rho} = \frac{N_\mathrm{A}}{A}\alpha r_\mathrm{e}^2 E Z^2 \phi_\mathrm{rad,n}\left[1 + \frac{1}{Z}\frac{\phi_\mathrm{rad,e}}{\phi_\mathrm{rad,n}}\right] \tag{8.29}$$

と書ける．$\phi_\mathrm{rad,e}/\phi_\mathrm{rad,n}$ は高エネルギーでは 1 よりやや大きく，700 keV で 0.5 に下がり，低エネルギーでは 0 になる．結局微分断面積すなわち制動放射エネルギースペクトルが得られれば，上式より計算できることになるが，$\mathrm{d}\sigma/\mathrm{d}k$ の厳密な式は単純でなく，1 つの解析的な公式にまとめることは困難である．代わりにエネルギーを低，中間，高の範囲に分割して，数値計算が行われている．ただ，高エネルギーに対しては単純な近似式があるのでそれを記す．

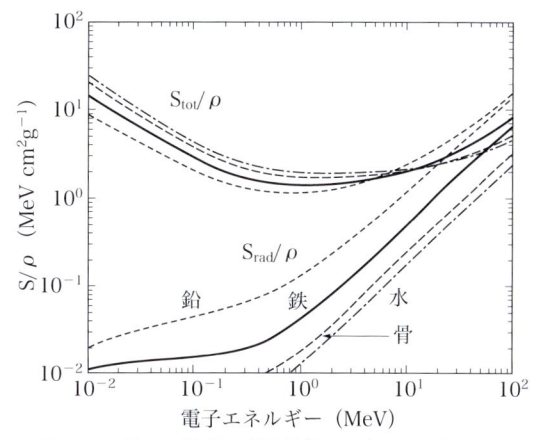

図 8-4. 種々の物質の質量放射阻止能および全質量阻止能

$$\frac{S_{\text{rad}}}{\rho} = \frac{4r_e^2 \alpha}{\beta^2} N_A \frac{Z(Z+1)}{A} (\tau+1) m_e c^2 \cdot \ln\left(\frac{183}{Z^{1/3}} + \frac{1}{18}\right) \quad (8.30)$$

これから制動放射の効率はターゲットの Z に対して Z^2，電子エネルギーに対しては直線的に増加することが分かる．高エネルギー電子の衝突阻止能が対数的にしか増加しないことから，高エネルギーにおいては制動放射がエネルギー損失の支配的なメカニズムになる．次の近似式は全エネルギー E (MeV) の電子について，放射阻止能と衝突阻止能の比を与える．

$$\frac{S_{\text{rad}}}{S_{\text{col}}} \simeq \frac{ZE}{800} \quad (8.31)$$

たとえば鉛 ($Z=82$) の場合，両阻止能が等しくなるエネルギーは $E \simeq 9.8$ MeV，$T = E - mc^2 = 9.3$ MeV となる．図 8-4 にいろいろの物質の質量放射阻止能を示す．質量衝突阻止能と質量放射阻止能を合わせた全質量阻止能 S_{tot}/ρ は，

$$\frac{S_{\text{tot}}}{\rho} = \frac{S_{\text{col}}}{\rho} + \frac{S_{\text{rad}}}{\rho} \quad (8.32)$$

で表わされる．図 8-4 に S_{tot}/ρ を示している．

放射阻止能に関連して，放射収量が定義されている．放射収量 Y は，電子が

完全に止まるまでに制動放射に費やしたエネルギーの割合である．水に対しては，100 MeV 電子は完全に止まるまでに 31.7%を制動放射によって失う（$Y=0.317$）．初期運動エネルギー T (MeV) の電子が，原子番号 Z の吸収体で止まったとすると，Y は近似的に，

$$Y \approx \frac{6 \times 10^{-4} ZT}{1 + 6 \times 10^{-4} ZT} \qquad (8.33)$$

で求められる．

陽電子の制動放射は，高エネルギーでは電子とほとんど同じであるが，低エネルギーでは小さくなる．

D. 飛　程

荷電粒子が止まるまでに進む距離のことを飛程という．はじめのエネルギー T の粒子が完全にエネルギーを失うまでの間，連続的に減速すると近似する．これを連続減速近似 csda (continuous slowing down approximation) という．電子の場合，1 回の衝突でかなりのエネルギーを失うのでこの近似は現実的ではない．また，電子の道筋は重粒子と異なり，曲がりくねっている．しかし，電子飛程というときには，次式で定義される連続減速近似 csda 飛程を意味する．つまり，道のりを直線に延ばした平均行程長で定義し，吸収体を通り抜ける距離とは区別している．csda 飛程 $R(T)$ は，

$$R(T) = \rho \int_0^T \left[S_{\mathrm{col}}(T) + S_{\mathrm{rad}}(T) \right]^{-1} dT \qquad (8.34)$$

と書ける．この場合，単位は gcm^{-2} になるが，これを ρ で割れば cm 単位で求めることができる．図 8-5 にいろいろの物質における電子の csda 飛程を示す．Z の大きい物質に対する電子衝突阻止能は，水に対するよりも小さい．このため 20 MeV 以下では，鉛における飛程 (gcm^{-2}) は水と比べて大きい．高エネルギーでは，鉛における放射損失が増加するため，飛程は短くなる．

Z の小さい物質中の電子飛程について，経験式がある．飛程 R gcm^{-2}，運動エネルギーを T MeV とすれば，$0.01 \leq T \leq 2.5$ MeV において，

$$R = 0.412 \, T^{1.27 - 0.0954 \ln T} \qquad (8.35)$$

$T > 2.5$ MeV において

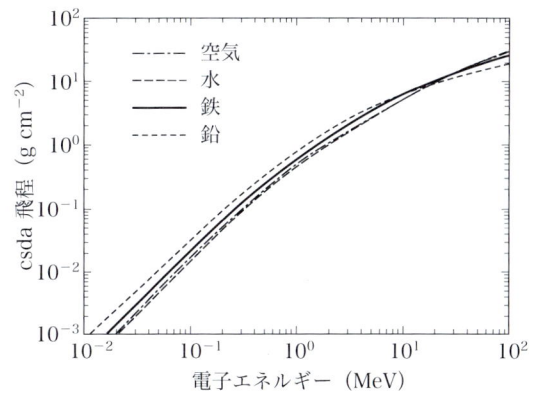

図 8-5. 種々の物質における電子の csda 飛程

$$R = 0.530T - 0.106 \tag{8.36}$$

実際の測定では，物質による吸収曲線から実用飛程 R_p を求める．高エネルギー電子線の場合，照射野 10×10 cm^2 または 10 cmϕ で水中の実用飛程 R_p を測定している．その結果，$5 \leqq T \leqq 50$ MeV において，

$$R_p = 0.52T - 0.30 \tag{8.37}$$

なる関係が得られている．

E．多重散乱

電子の進路が直線状でないのは，(1) 1個の軌道電子との非弾性衝突の際に散乱角が大きいことと，(2) 原子核との弾性散乱によって，大きな偏向を受けるからである．運動エネルギー T で入射した電子が，1回の非弾性散乱によって T' に下がったとする．入射方向から測った散乱角 θ は運動学の関係から，

$$\cos\theta = \sqrt{\frac{T'(T+2mc^2)}{T(T'+2mc^2)}} \tag{8.38}$$

で与えられる．一方，電子の弾性散乱断面積は軌道電子による原子核の Coulomb 場の遮蔽を考慮に入れた Moliere の公式によって表わされる．微分断面積と全断面積はそれぞれ，

$$\frac{d\sigma}{d\Omega} = Z(Z+1)\, r_e^2 \frac{1-\beta^2}{\beta^4} \frac{1}{(1-\cos\theta+2\eta)^2} \quad (8.39)$$

$$\sigma = \pi Z(Z+1)\, r_e^2 \frac{1-\beta^2}{\beta^4} \frac{1}{\eta(\eta+1)} \quad (8.40)$$

ここで η はエネルギーと Z に依存する遮蔽パラメータで，

$$\eta = \eta_c \frac{1.7\times 10^{-5} Z^{2/3}}{\tau(\tau+2)} \quad (8.41)$$

で与えられる．また，η_c は 50 keV を境に異なる値をとり，

$$\eta_c = 1.198 \qquad\qquad T < 50 \text{ keV} \quad (8.42\,\text{a})$$

$$= 1.13 + 3.76\left(\frac{Z}{137\beta}\right)^2 \qquad T \geq 50 \text{ keV} \quad (8.42\,\text{b})$$

である．Z は原子番号，r_e は古典電子半径，$\tau = T/mc^2$ は電子の運動エネルギーである．エネルギーが静止質量単位だから $\beta^2 = 1 - 1/(\tau+1)^2$ になる．これらは1回の弾性散乱についての式である．もし物質層が厚いとき，多数回の弾性散乱が繰り返される．これを多重散乱という．電子の場合，後方散乱が起こるのは多重散乱のためである．

Moliere の多重散乱理論では，有限厚の物質層における多数回の弾性散乱を重ね合わせて平均化した角度分布を取り扱う．Moliere と Bethe の理論によれば，θ 方向における散乱強度は，

$$I(\theta) \sim \sqrt{\theta \sin\theta} \times \left(f^{(0)} + \frac{f^{(1)}}{B} + \frac{f^{(2)}}{B^2} \right) \quad (8.43)$$

となる．ここで $f^{(0)}$, $f^{(1)}$, $f^{(2)}$ は換算角 Θ の関数で，Bethe によって与えられた数表を**表 8-2** に示す．Θ と B は以下の計算によって求めることができる．古典電子半径を r_e，Avogadro 数を N_A，物質の密度を ρ，物質層の厚さを t とする．また化合物や混合物中の i 番目の原子番号を Z_i，原子量を A_i，1 モル中の原子数を p_i とする．

表 8-2. 換算角と多重散乱パラメータ[29]

Θ	$f^{(0)}$	$f^{(1)}$	$f^{(2)}$
0	2	0.8456	2.4929
0.2	1.9216	0.7038	2.0694
0.4	1.7214	0.3437	1.0488
0.6	1.4094	-0.0777	-0.0044
0.8	1.0546	-0.3981	-0.6068
1	0.7338	-0.5285	-0.6359
1.2	0.4738	-0.4770	-0.3086
1.4	0.2817	-0.3183	0.0525
1.6	0.1546	-0.1396	0.2423
1.8	0.0783	-0.0006	0.2386
2	0.0366	0.0782	0.1316
2.2	0.01581	0.1054	0.0196
2.4	0.00630	0.1008	-0.0467
2.6	0.00232	0.08262	-0.0649
2.8	0.00079	0.06247	-0.0546
3	0.00025	0.0455	-0.03568
3.2	7.3×10^{-5}	0.03288	-0.01923
3.4	1.9×10^{-5}	0.02402	-0.00847
3.6	4.7×10^{-6}	0.01791	-0.00264
3.8	1.1×10^{-6}	0.01366	0.00005
4	2.3×10^{-7}	0.010638	0.001074
4.5	3×10^{-9}	6.14×10^{-3}	0.001229
5	2×10^{-11}	3.831×10^{-3}	8.326×10^{-4}
5.5	2×10^{-13}	2.527×10^{-3}	5.368×10^{-4}
6	5×10^{-16}	1.739×10^{-3}	3.495×10^{-4}
7	1×10^{-21}	9.080×10^{-4}	1.584×10^{-4}
8	3×10^{-28}	5.211×10^{-4}	7.830×10^{-5}
9	1×10^{-35}	3.208×10^{-4}	4.170×10^{-5}
10	1×10^{-43}	2.084×10^{-4}	2.370×10^{-5}

$$\begin{aligned} A &= \sum p_i A_i \\ Z_S &= \sum p_i Z_i (Z_i + 1) \\ Z_E &= \sum p_i Z_i (Z_i + 1) \ln Z_i^{-2/3} \\ Z_X &= \sum p_i Z_i (Z_i + 1) \ln \left[1 + 3.34 \left(\frac{Z_i}{137 \beta} \right) \right] \end{aligned} \qquad (8.44)$$

を導入する．これらを用いて Θ を表わすと，

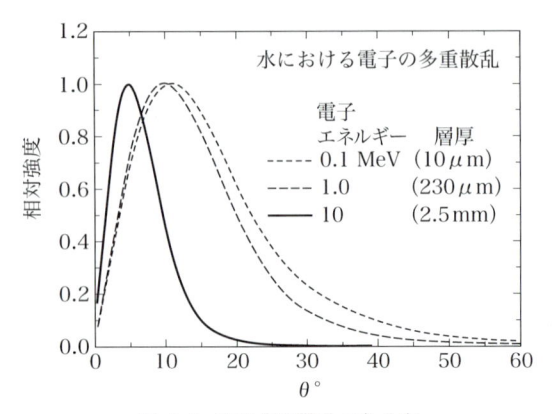

図 8-6. 電子多重散乱の角分布

$$\Theta = \frac{\theta}{\chi_c \sqrt{B}} \tag{8.45}$$

$$\chi_c{}^2 = \frac{4\pi r_e{}^2 N_A \rho t Z_S (1-\beta^2)}{A\beta^4} \tag{8.46}$$

B は,

$$B - \ln B = \ln \Omega_0 \tag{8.47}$$

$$\Omega_0 = 6702.33 \frac{Z_S e^{Z_E/Z_S} \rho t}{e^{Z_X/Z_S} A\beta^2} \tag{8.48}$$

の解であり，数値的に求められる．Moliere 理論は 10 keV 以上の電子に対して，さらに弾性散乱が 20 回以上起こり得る厚みに対して成立する．**図** 8-6 にいろいろのエネルギーに対する多重散乱角分布を示す．

F. Cerenkov 放射

荷電粒子が光速より速く媒質中を走るとき，青色の可視光線を発する．この現象を Cerenkov (チェレンコフ) 放射といい，超音速のときに空気中で作られる衝撃波と類似の現象である．透明体に荷電粒子が入射すると，そのまわりに電場を作るので，誘電体は荷電粒子の通路付近では分極を起こすが，荷電粒子が過ぎ去ると分極はもとに戻る．このとき電磁波が放出される．真空中の光速

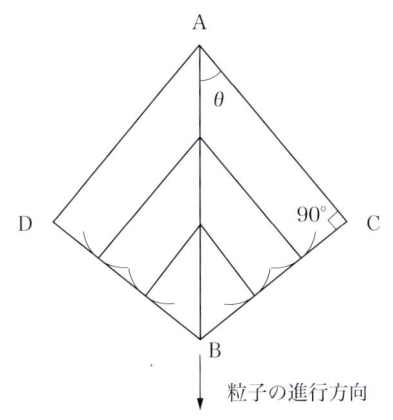

図 8-7. Cerenkov 放射の原理図

を c, 荷電粒子の速度を $v=\beta c$, 透明体の屈折率を n とすれば，媒質中での光の速度は c/n となる．もし $v>c/n$ ならば，Cerenkov 光が放射される．図 8-7 において，粒子が A から B の方向に走っている．$AB=vt$ とする．この時間 t の間に A 点で放出された電磁波は C 点に達する．すなわち $AC=(c/n)t$ である．したがって，

$$\cos\theta = \frac{1}{\beta n} < 1 \qquad (8.49)$$

で与えられる頂角をもつ円錐状に放出される．静止質量 M の粒子が Cerenkov 光を放射する運動エネルギーの閾値は，

$$T = Mc^2 \left[\frac{n}{\sqrt{n^2-1}} - 1 \right] \qquad (8.50)$$

になる．これを臨界エネルギーという．電子については，水やアクリライトで臨界エネルギーはそれぞれ 257 keV, 175 keV と低いので，ライナックからの X 線による二次電子および電子線で十分に Cerenkov 放射線が発生することが分かる．電子のエネルギー損失のうち，Cerenkov 放射に寄与はきわめて小さいので，無視してよい．

9. 重荷電粒子と物質との相互作用

Summary

1. 重荷電粒子が物質を進むとき，原子の電子に電磁気力を及ぼし，原子を電離・励起することによってエネルギーを失う．
2. 重荷電粒子の衝突阻止能は Bethe の公式によって，核阻止能は古典力学的軌道計算法によって求められる．
3. 重荷電粒子の全質量阻止能は，質量衝突阻止能と質量核阻止能の和である．
4. 重荷電粒子は物質中をほぼまっすぐに進む．飛程は連続減速近似によって求められる．
5. 重荷電粒子が物質中で止まる少し前でエネルギー付与が大きくなる．これを Bragg ピークといい，粒子線治療に利用される．

A. 衝突阻止能

　Betheは相対論的量子力学を用いて，次のような重荷電粒子に対する質量衝突阻止能公式を導いた．

$$\frac{S_{\mathrm{col}}}{\rho} = -\frac{dE}{\rho dx} = \frac{4\pi r_e^2\, mc^2}{\beta^2}\frac{z^2 Z N_A}{A}\left[\ln\frac{2\,mc^2\beta^2}{I(1-\beta^2)}-\beta^2\right] \quad (9.1)$$

ここで $\beta = V/c$ は重荷電粒子速度と光速度の比で，粒子の質量 M，運動エネルギーを T とすれば，

$$\beta = \sqrt{1-\left(\frac{Mc^2}{T+Mc^2}\right)^2} \quad (9.2)$$

また，

　　　$mc^2 =$ 電子静止エネルギー
　　　$r_e = e^2/mc^2 =$ 古典電子半径
　　　$z =$ 重荷電粒子の電荷
　　　$Z =$ ターゲット原子の原子番号
　　　$A =$ ターゲット原子の原子量
　　　$N_A =$ Avogadro 数
　　　$I =$ 媒質の平均励起エネルギー

である．

　非相対論的な (8.16) において，$\beta \ll 1$，$V = \beta c$，$hf = I/2$ とすれば，上のBethe公式と同じになる．

　実験値との比較により，Bethe公式はほぼ有効であることが確かめられた．しかし，数 100 keV 以下の低エネルギーにおいては，実験値を再現できない．その理由は，走っている裸の荷電粒子がターゲット電子を捕獲したり，それを失ったりする電荷交換過程が顕著になるためである．そのため，有効電荷パラメータを導入して実験値に合わせている．ICRU 49 では，さまざまな補正項を付加した次式を推奨している．

$$\frac{S_{\mathrm{col}}}{\rho} = \frac{4\pi r_e^2 mc^2}{\beta^2}\frac{z^2 Z N_A}{A}L(\beta) \quad (9.3)$$

$$L(\beta) = L_0(\beta) + zL_1(\beta) + z^2 L_2(\beta) \tag{9.4}$$

L は阻止数とよばれている．第1項は，

$$L_0(\beta) = \frac{1}{2}\ln\left(\frac{2mc^2\beta^2 Q_{\max}}{1-\beta^2}\right) - \beta^2 - \ln I - \frac{C}{Z} - \frac{\delta}{2} \tag{9.5}$$

I は媒質の平均励起エネルギー，C/Z は殻補正，$\delta/2$ は密度効果の補正を表わす．$Q_{\max}$ は自由電子との1回の衝突における最大のエネルギー損失である．

$$Q_{\max} = \frac{2mc^2\beta^2}{1-\beta^2} \frac{1}{1+\frac{2m}{M}\frac{1}{\sqrt{1-\beta^2}}+\left(\frac{m}{M}\right)^2} \tag{9.6}$$

m は電子の質量，M は重粒子の質量である．運動エネルギーを T とすれば，非相対論的極限では，

$$Q_{\max} = 4\frac{m}{M}T \tag{9.7}$$

になり，(8.4) の結果と一致する．(9.4) の第2項を Barkas 補正，第3項を Bloch 補正といい，細かな補正を行う．陽子と α 粒子に対する種々の物質の質量衝突阻止能を図9-1に示す．低エネルギーでは，(9.1) 式の [ ] の前にある項は $\beta \to 0$ につれて増加するが，逆に対数項が減少する．その結果，陽子で

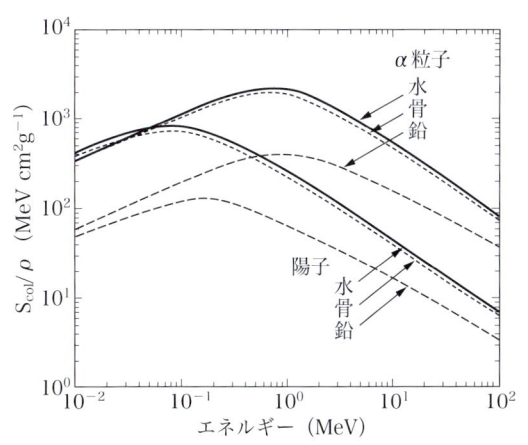

図 9-1．陽子と α 粒子に対する種々の物質の質量衝突阻止能

は 100 keV 付近，α 粒子では 600 keV 付近に Bragg（ブラッグ）ピークとよばれる阻止能の最大値が生ずる．

　Bohr の衝突阻止能式 (8.16) から明らかなように，衝突阻止能は粒子の種類によらず，ある粒子速度 V において

$$S/z^2 = 一定 \tag{9.8}$$

が成り立つ．つまりある粒子の衝突阻止能が既知ならば，同じ速度における異なる粒子の衝突阻止能を (9.8) の関係式から推定できる．いま陽子と重荷電粒子の質量を m_p，m_HI とし，同じ速度 V で走っているとする．運動エネルギーを T_p，T_HI とおくと，

$$T_\mathrm{p} = \frac{1}{2} m_\mathrm{p} V^2, \quad T_\mathrm{HI} = \frac{1}{2} m_\mathrm{HI} V^2 \tag{9.9}$$

より

$$T_\mathrm{HI} = T_\mathrm{p} \frac{m_\mathrm{HI}}{m_\mathrm{p}} \tag{9.10}$$

なる関係が得られる．もし HI＝α 粒子ならば，1 MeV 陽子と 4 MeV（厳密には 3.971 MeV）α 粒子は等速になる．このとき (9.8) より

$$S_\alpha = S_\mathrm{p} \left(\frac{z_\alpha}{z_\mathrm{p}} \right)^2 = 4 S_\mathrm{p} \tag{9.11}$$

となる．したがって，4 MeV α 粒子の衝突阻止能は 1 MeV 陽子のそれの 4 倍ということになる．電荷交換過程が無視できる高エネルギー領域においては，いいかえればイオンの電荷が一定ならば，衝突阻止能についてのこのスケーリング則は有効である．α 粒子のみならず，重陽子や ^{3}He などの衝突阻止能も陽子衝突阻止能を基にして，スケーリング則より求めることができる．**表 9-1** に例を示す．

B．核阻止能

　10 keV 以下の低エネルギー重荷電粒子においては，原子核との弾性散乱によるエネルギー損失，核阻止能が無視できなくなる．これは運動学より導かれる量で，ターゲット原子核の反跳エネルギーを意味する．弾性散乱微分断面積を $d\sigma_\mathrm{el}/d\Omega$ とすれば，質量核阻止能 S_nuc/ρ は，

表 9-1. 質量衝突阻止能における重荷電粒子のスケーリング則

陽子		重陽子		^{3}He^{2+}		α 粒子		^{12}C^{6+}	
T_p	S_p	T $T_p \times 2$	S $S_p \times 1$	T $T_p \times 3$	S $S_p \times 4$	T $T_p \times 4$	S $S_p \times 4$	T $T_p \times 12$	S $S_p \times 36$
1	260.6	2	260.6	3	1042	4	1042	12	9382
2	158.5	4	158.5	6	634.0	8	634.0	24	5706
3	117.1	6	117.1	9	468.4	12	468.4	36	4216
4	94.0	8	94.0	12	376.0	16	376.0	48	3384
5	79.1	10	79.1	15	316.4	20	316.4	60	2848
10	45.6	20	45.6	30	182.4	40	182.4	120	1642

T はエネルギー (MeV), S は水 (液体) の質量衝突阻止能 (MeVcm^{2}g^{-1}).

$$\frac{S_{\text{nuc}}}{\rho} = \frac{2\pi N_A}{A} \int_0^\pi \frac{d\sigma_{\text{el}}}{d\Omega} W(\theta, T) \sin\theta d\theta \tag{9.12}$$

で表わされる. $W(\theta, T)$ は反跳エネルギーで, 散乱角 θ と荷電粒子の運動エネルギー T に依存する. M を重粒子の質量, M_t をターゲット原子の質量とすれば,

$$W(\theta, T) = 4T \frac{M_t M}{(M_t + M)^2} \sin^2\frac{\theta}{2} \tag{9.13}$$

弾性散乱断面積 $d\sigma_{\text{el}}/d\Omega$ は数 MeV 以上の高エネルギーにおいては, Rutherford 断面積

$$\frac{d\sigma_{\text{el}}}{d\Omega} = \frac{1}{4} N_A \frac{Z^2}{A} z^2 r_e^2 \left(\frac{mc}{p\beta}\right)^2 \frac{1}{\sin^4(\theta/2)} \tag{9.14}$$

によって記述される. ここで, p は重荷電粒子の運動量で,

$$p = \frac{1}{c}\sqrt{(T + Mc^2)^2 - (Mc^2)^2} \tag{9.15}$$

で与えられる. 重荷電粒子の場合, 放射阻止能は無視できるので全阻止能は, 衝突阻止能と核阻止能の和で表わされる.

$$\frac{S_{\text{tot}}}{\rho} = \frac{S_{\text{col}}}{\rho} + \frac{S_{\text{nuc}}}{\rho} \tag{9.16}$$

全阻止能における核阻止能の寄与は, 10 keV 以上ではほとんど無視できるが, エネルギーが低くなるほど増加していき, 1 keV においてはおよそ 30% に達する.

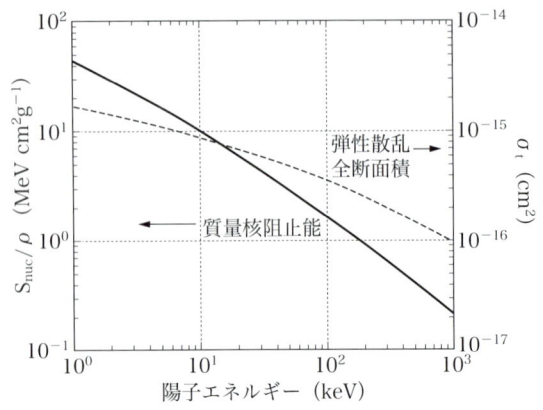

図 9-2. 水分子に対する陽子弾性散乱の全断面積と質量核阻止能

100 keV 以下の低エネルギー領域では，原子の軌道電子による遮蔽の影響が増加するので (9.14) は使えなくなる．そのため遮蔽効果を取り入れた計算法が必要である．入射粒子とターゲットとの相互作用は，次式のような遮蔽 Coulomb ポテンシャルで表わされる．

$$V(r) = \frac{zZe^2}{r} F_s(r/r_s) \qquad (9.17)$$

$F_s(r/r_s)$ は電子による遮蔽を考慮した関数，r_s は遮蔽の程度を表わすパラメータである．(9.17)のポテンシャルに対して，第 1 章 F で述べた古典力学的軌道計算法を適用すれば微分断面積を求めることができる．しかし，単純な Coulomb ポテンシャルと違って解析的な解を求めることは不可能で，数値的に解く以外にない．詳しい計算方法は省略するが，水分子による陽子の弾性散乱全断面積および質量核阻止能の計算値を図 9-2 に示す．

C. 飛　程

重荷電粒子は電子と異なり，放射線治療における数 100 MeV の高エネルギー粒子線の線量分布が問題になるような場合を除いては，多重散乱の影響は考えなくともよい．媒質中をほぼ直線状に進みながら連続的に減速すると近似

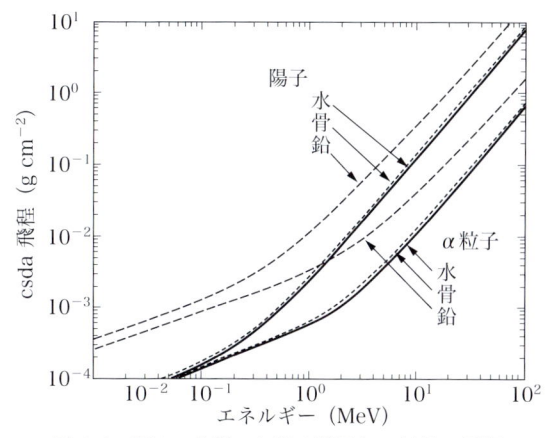

図 9-3. 種々の物質における陽子と α 粒子の飛程

できる．元来，連続減速近似 csda は重荷電粒子に対して定義された量である．csda 飛程 $R(T)$ は，

$$R(T) = \rho \int_0^T [S_{\text{col}}(T) + S_{\text{nuc}}(T)]^{-1} dT \tag{9.18}$$

で求められる．核阻止能の寄与は，10 keV 以下の低エネルギー粒子に対しては無視できない．図 9-3 にいろいろな物質における陽子と α 粒子の飛程を示す．図 9-4 は標準状態の空気（$\rho = 1.205 \times 10^{-3}$ gcm^{-3}）における電子，陽子，α 粒子の飛程の比較である．

ある種類の荷電粒子の飛程が分かっているとき，別の荷電粒子の飛程を求めることができる．最初の速さ $\beta = v/c$ が等しい2種の粒子間において，それらの飛程の比を簡単な関係で表わすことができる．

$$\frac{R_1(\beta)}{R_2(\beta)} = \frac{z_2{}^2 M_1}{z_1{}^2 M_2} \tag{9.19}$$

M_1, M_2 は静止質量である．もし粒子2を陽子として，その飛程が既知ならば，他粒子の飛程 R は，

$$R(\beta) = \frac{M}{z^2} R_\text{p}(\beta) \tag{9.20}$$

によって求められる．

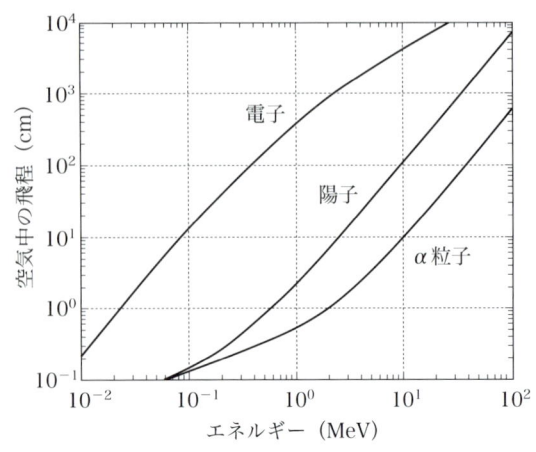

図 9-4. 電子，陽子，α 粒子の空気における飛程

D. エネルギー損失・飛程のゆらぎ

　荷電粒子が物質を通り抜けるとき，衝突回数および衝突ごとのエネルギー損失量に統計的なゆらぎが発生する．その結果，同じ条件下に出発した多数の同一粒子は，(1) 与えられた深さを通過したときのエネルギーのゆらぎ，(2) 止まる前に進んだ行路長のゆらぎ，を示す．同一条件における等しくないエネルギー損失の現象をエネルギー損失ストラグリングという．また異なる行路長の存在を飛程ストラグリングとよんでいる．

　荷電粒子が吸収体の原子と数多くの衝突をする場合には，エネルギー損失ストラグリングの分布は Gauss 分布となる．このような場合は，全体のエネルギー損失が 1 回の衝突のエネルギー損失の最大値に比較して非常に大きい場合である．これに対して衝突回数が少ない場合，いいかえれば走行距離の短い一部分を取り扱うような場合には，分布は非対称的となって Gauss 分布にはならない．一例を図 9-5 に示す．これは多数の 1 MeV α 粒子を直径 2 nm と 50 nm の極微小な水の球の直径方向に当てたとき，その中でのエネルギー付与の頻度分布をモンテカルロ計算によって求めたものである．横軸のイベントサイズは，球内でのエネルギー付与を球の直径で除した値であり，単位は阻止能と同じく

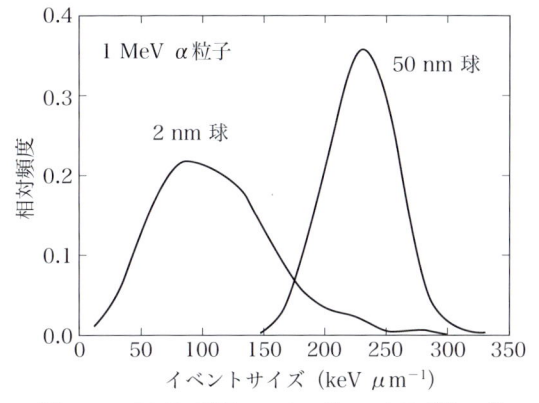

図 9-5. 1 MeV α 粒子のエネルギーストラグリング

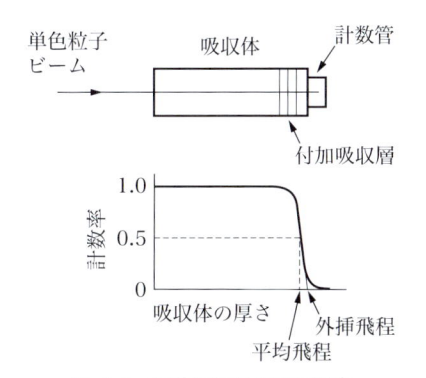

図 9-6. 重荷電粒子の飛程測定

keVμm^{-1}になる．直径 50 nm 球に対してはほぼ対称的な Gauss 型であるが，2 nm に対しては歪んでいる．この形を skewed（ゆがんだ）Gaussian という．

　重荷電粒子における飛程のゆらぎは，図 9-6 に示す実験方法によって測定できる．厚さ可変の吸収体に単一エネルギービームを当てる．計数管に入ってくるビーム数を厚さの関数として測ると，下図のようなデータが得られる．最初のうち，吸収体は粒子のエネルギーを減らすだけだから，粒子数は一定で粒子の飛程に近づくまでそのままである．それから粒子数は急に減少し，吸収体の厚さが増すとともに直線的に減少する．粒子数が図のような形になるのは飛程

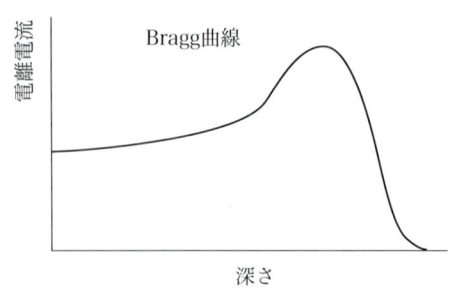

図 9-7. Bragg 曲線

のゆらぎのためである．曲線を微分すれば Gauss 型曲線が得られる．平均飛程は，計数が半分になる吸収体の厚さとして定義される．外挿飛程は，カーブの直線部の延長線と横軸の交点で決める．重荷電粒子の飛程ストラグリングは大きくない．生体組織における 100 MeV 陽子のそれは 1% 程度である．

　電離箱を用いて，吸収体の深さ方向の電離電流を測定する．吸収体が気体や液体ならば実験は容易である．単位長さ当たりの電離電流の変化の様子を図 9-7 に示す．粒子が止まる少し前では電離電流が大きくなる．この曲線を Bragg 曲線といい，重荷電粒子特有の現象である．したがって飛程終端近傍でのエネルギー付与も大きくなり，Bragg ピークとよばれる鋭いピークを作る．粒子線治療は重粒子のこの特徴を利用したものである．

10. δ線・制限阻止能・LET

Summary

1. 電離によって生成される二次電子のうち，エネルギーが大きく，独立した飛跡を作るものをδ線とよぶ．
2. ターゲットの大きさがμmとかnmオーダーにおける吸収線量には，巨視的で平均化された阻止能の考え方が適用できない．
3. 制限衝突阻止能は，エネルギー付与がある値Δを超えない衝突のみによるエネルギー損失として定義される．
4. LET（線エネルギー付与）はエネルギー付与のある値Δを超えない制限阻止能と同じで，L_Δと表記する．
5. モンテカルロシミュレーションは，放射線の物質における輸送現象を調べるための有力な方法である．

A. δ 線

物質中を動く電子や重荷電粒子はしばしば，初期粒子の通り道から離れるのに十分なエネルギーをもった二次電子を生成する．そして二次電子自身の目立つ飛跡を作る．このような二次電子をδ線とよんでいる．図 10-1 に，モンテカルロシミュレーションによって生成された，荷電粒子の水における飛跡を示す．陽子およびα粒子の進路から放出されているδ線を見ることができる．図においてほとんどの二次電子が重粒子飛跡に対して垂直に飛び出している．質量 m_{HI} の重粒子の運動エネルギーを T，質量 m_e の二次電子の運動エネルギーを ε とすれば，放出角 θ は運動学的関係より，

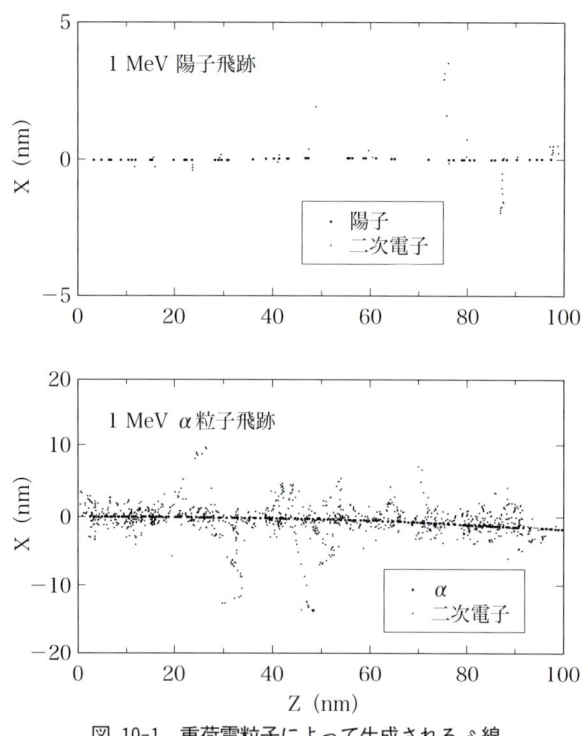

図 10-1. 重荷電粒子によって生成されるδ線
ドットはエネルギー付与が起こった位置を表わす．

$$\cos\theta = \sqrt{\frac{m_{\mathrm{H1}}\varepsilon}{4m_e T}} \qquad (10.1)$$

で与えられる．1 MeV 陽子の場合，二次電子の平均エネルギーは～60 eV である．したがって (10.1) より $\theta \sim 80°$ が得られる．これは衝突の前後で重粒子の運動量は余り変わらないので，二次電子の運動量の重粒子の進路方向の成分はほとんどゼロになることから理解できる．δ線かそうでないかを区別する明確な基準はないが，見た目におよその識別はできる．この章ではδ線に関連する現象を取り上げる．

　放射線の吸収線量は，照射された物質が単位質量当たりに吸収したエネルギーとして定義される．阻止能は物質において荷電粒子が失ったエネルギーを与える．これは必ずしもターゲットに吸収されたエネルギーと等しくない．とりわけターゲットが生物の細胞（～μm）とか DNA（～2 nm）のように，二次電子の飛程よりも小さい場合，問題が発生する．放射線が細胞や DNA に及ぼす効果を解明する上で，こうした微視的線量概念は重要な役割を果たしている．分子生物学の発展と相まって，マイクロドシメトリあるいはナノドシメトリの研究が現在活発に行われている．

B．制限阻止能

　制限阻止能の概念はターゲットでのエネルギー損失と，そこで実際に吸収されたエネルギーとをより密接に関連付けるために導入された．制限線衝突阻止能 $-(\mathrm{d}E/\mathrm{d}x)_\Delta$ は，エネルギー付与がある値 Δ を超えない衝突のみによるエネルギー損失として定義される．Δ をカットオフという．(8.8) の $Q_{\max}$ を Δ に置き換えて，

$$-\left(\frac{\mathrm{d}E}{\mathrm{d}x}\right)_\Delta = \mu \int_{Q_{\min}}^{\Delta} QW(Q)\,\mathrm{d}Q \qquad (10.2)$$

制限質量衝突阻止能の式は，解析的に与えられており，重荷電粒子については，

$$-\left(\frac{\mathrm{d}E}{\rho\,\mathrm{d}x}\right)_\Delta = \frac{2\pi r_e^2 mc^2 z^2 ZN_\mathrm{A}}{\beta^2 A}\left[\ln\frac{2mc^2\beta^2\Delta}{I^2(1-\beta^2)} - \frac{(1-\beta^2)\Delta}{2mc^2} - \beta^2 - 2\frac{C}{Z} - \delta\right] \qquad (10.3)$$

である．また，負電子については，

$$-\left(\frac{dE}{\rho dx}\right)_\Delta = \frac{2\pi r_e^2 mc^2}{\beta^2}\frac{ZN_A}{A}\left[\ln\frac{T^2}{I^2}+\ln\left(1+\frac{\tau}{2}\right)+G-\delta\right] \quad (10.4)$$

である．ここで $\tau = T/mc^2$, $\eta = \Delta/T$ である．G は τ と η の関数で，

$$G = -1-\beta^2+\ln[4\eta(1-\eta)]+\frac{1}{1-\eta}+(1-\beta^2)\left[\frac{\tau^2\eta^2}{2}+(2\tau+1)\ln(1-\eta)\right] \quad (10.5)$$

で与えられる．表 10-1 にいろいろの Δ について，水における陽子の制限質量阻止能を示す．0.05 MeV 以下のエネルギーにおいては，100 eV 以上を渡す衝突は阻止能にほとんど寄与しない．事実，0.05 MeV における Q_{max} は 109 eV である．0.1 MeV では $Q_{max}=220$ eV となり，したがって $\Delta=1$ keV の制限阻止能は $\Delta=100$ eV のそれよりかなり大きい．1 MeV においては，10 keV 以上のエネルギー移行はほとんどないことが分かる．10 MeV では，阻止能の約 8% が 10 keV より大きい移行によるものである．表 10-2 にいろいろの Δ について，水におけ

表 10-1. 陽子に対する水の制限質量阻止能 (MeV cm² g⁻¹)

エネルギー (MeV)	$-\left(\frac{dE}{\rho dx}\right)_{100eV}$	$-\left(\frac{dE}{\rho dx}\right)_{1keV}$	$-\left(\frac{dE}{\rho dx}\right)_{10keV}$	$-\left(\frac{dE}{\rho dx}\right)_{\infty}$
0.05	910.	910.	910.	910.
0.10	711.	910.	910.	910.
0.50	249.	424.	428.	428.
1.0	146.	238.	270.	270.
10.0	24.8	33.5	42.2	45.9
100.0	3.92	4.94	5.97	7.28

表 10-2. 電子に対する水の制限質量阻止能 (MeV cm² g⁻¹)

エネルギー (MeV)	$-\left(\frac{dE}{\rho dx}\right)_{100eV}$	$-\left(\frac{dE}{\rho dx}\right)_{1keV}$	$-\left(\frac{dE}{\rho dx}\right)_{10keV}$	$-\left(\frac{dE}{\rho dx}\right)_{\infty}$
0.001	109.	126.	126.	126.
0.003	40.6	54.4	60.1	60.1
0.005	24.9	34.0	42.6	42.6
0.01	15.1	20.2	23.2	23.2
0.05	4.12	5.26	6.35	6.75
0.10	2.52	3.15	3.78	4.20
1.0	1.05	1.28	1.48	1.89

る電子の制限質量阻止能を示す．

Δ の値は目的に応じて選択できる．たとえば電子輸送モンテカルロシミュレーションにおいて，$-(\mathrm{d}E/\mathrm{d}x)_{10\mathrm{keV}}$ とした場合，10 keV より高いエネルギーをもった二次電子は独立した別の電子すなわち δ 線として処理し，それ以下のエネルギーの二次電子は制限衝突阻止能の中に一括されることになる．同様のことを放射阻止能についても考えることができる．すなわち，エネルギーが Δ 以下の制動光子は放射阻止能の軟成分として，制限放射阻止能に含める．

$$-\left(\frac{\mathrm{d}E}{\mathrm{d}x}\right)_{\mathrm{rad},\Delta} = \rho\frac{N_\mathrm{A}}{A}\int_0^\Delta k\frac{\mathrm{d}\sigma}{\mathrm{d}k}\mathrm{d}k \tag{10.6}$$

一方，Δ より高エネルギーの制動光子は単独の光子として追跡することになる．Δ の値は二次電子と制動光子に対して，それぞれ独立に設定できる．

C. LET

LET は Linear Energy Transfer の頭文字で，線エネルギー付与と訳す．現行の LET の概念は 1970 年「ICRU レポート 16」によって定義されている．L_Δ で表わし，Δ を超えないエネルギー付与に対する制限阻止能と同じである．

$$L_\Delta = \left(\frac{\mathrm{d}E}{\mathrm{d}l}\right)_\Delta \tag{10.7}$$

ここで $\mathrm{d}l$ は粒子が動いた長さ，$\mathrm{d}E$ は Δ 以下のエネルギー付与による平均エネルギー損失である．L_∞ は通常の阻止能を表わす．∞ の添字を付けない場合は，一般に L_∞ を意味する．

(例) 水における 1 MeV 陽子の $L_{1\mathrm{keV}}$ と $L_{5\mathrm{keV}}$

表 10-1 より，$L_{1\mathrm{keV}} = 23.8$ keVμm^{-1}．また内挿によって $L_{5\mathrm{keV}} = 25.2$ keVμm^{-1}．

L_Δ はエネルギー付与を制限した LET であるが，もう 1 つ現行の定義には含まれていないものの，付与位置を制限した LET, L_r を考えることができる．これは粒子の飛跡に中心を置く，半径 r で長さ $\mathrm{d}l$ の円筒の中に付与されたエネルギーとして定義される．

$$L_\mathrm{r} = \left(\frac{\mathrm{d}E}{\mathrm{d}l}\right)_\mathrm{r} \tag{10.8}$$

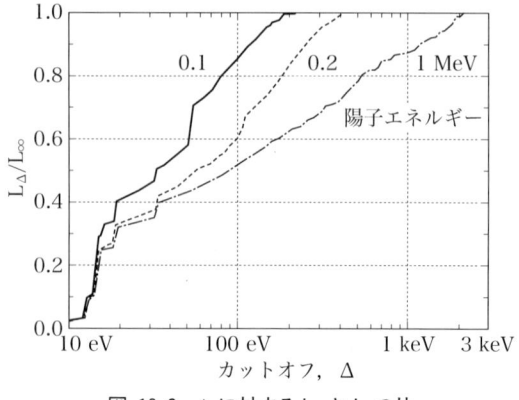

図 10-2. Δ に対する L_Δ と L_∞ の比

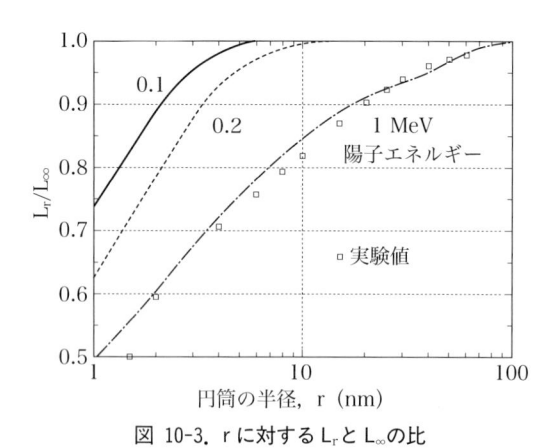

図 10-3. r に対する L_r と L_∞ の比

　L_Δ は (10.3) や (10.4) の解析的公式によって容易に求めることができるが，直接測定するのは困難である．一方 L_r は解析的に計算することは困難だが，円筒の代わりに円筒型気体電離箱を置けば原理的に測定可能である．

　モンテカルロ法を用いた微視的飛跡構造コードによって，荷電粒子の物質中におけるエネルギー付与の空間的分布を，相互作用ごとに逐一計算することができる．自作の陽子コード lephist (low energy proton history) を用いて 0.1, 0.2, 1 MeV 陽子の水における飛跡を生成し，飛跡データを解析してこれら 2 種

類の LET を求めた．L_Δ/L_∞ を Δ の関数として図 10-2 に示す．$\Delta=12.6\,\mathrm{eV}$，$14.8\,\mathrm{eV}$ などにおけるギャップは，水分子軌道の束縛エネルギーに対応している．Δ が束縛エネルギーを超えると，その軌道のポテンシャルエネルギーがエネルギー損失に加算されるようになるからである．図 10-3 は L_r/L_∞ と実験値との比較を示す．$T_p=1\,\mathrm{MeV}$ についての計算結果は実験値とよく一致していることが分かる．

D. モンテカルロ シミュレーションの基礎

賭博で有名なモンテカルロの地名に由来するモンテカルロ法は，乱数（サイコロ）を何度も繰り返し用いて計算機実験を行うシミュレーションの一方法である．現象の素過程を支配する確率法則が分かっているとき，これら素過程をあたかも実際に生起しているかのように計算機で発生させ，組み立てて系全体のふるまいを調べる方法である．モンテカルロ法はこのように決してスマートな方法とはいえないが，物理現象を近似なしに忠実に再現することができ，物質中における放射線の複雑な輸送現象を調べる上で最も正確な計算法といえる．図 10-4 に 1 keV 電子 5 個を $z=0$ から z 軸方向に水に打ち込んだとき，水における微視的飛跡の計算例を示す．おのおのの飛跡は同一にはならず，確率的である．このため，モンテカルロ法によって物理的に意味のあるスペクトル

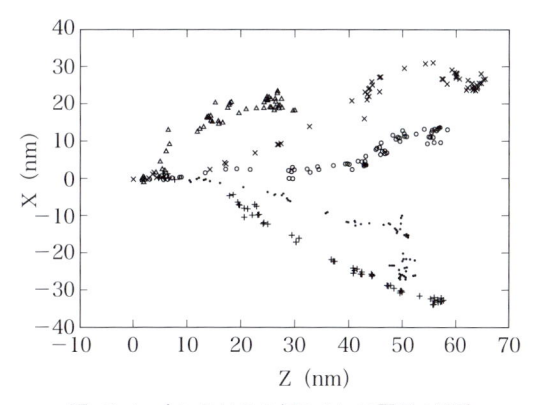

図 10-4．水における 5 個の 1 keV 電子の飛跡

や線量分布などを得るためには，多数回の試行を繰り返すことによって，統計精度を上げなければならない．

これまでの各章から明らかなように，光子・電子・陽子・α粒子・中性子などと物質との相互作用はほとんど分かっており，定量的な断面積も手に入れることができる．基本的にはいろいろの相互作用毎にエネルギー付与，全断面積，エネルギースペクトル，放出粒子の角度分布などの基本データが揃えば，あとはこれらを組み合わせてプログラミングを行えばよい．その際，過程や現象の物理を十分理解していなければ，正しいシミュレーションはできないのは当然である．ここでは光子・電子のモンテカルロ・シミュレーションの基礎について二，三解説する．

1．反応点のサンプリング

$x=0$ から走り出した粒子が $(x, x+dx)$ において反応を起こす確率は，

$$p(x)dx = \mu(x)dx \cdot \exp\left[-\int_0^x \mu(s)ds\right] \quad (10.9)$$

で与えられる．ここで $\mu(x)$ は巨視的断面積あるいは線減弱係数である．これを積分すると累積確率分布関数 P が得られる．

$$P = 1 - e^{-N(x)} \quad (10.10)$$

ここで $N(x)$ は，

$$N(x) = \int_0^x \mu(s)ds \quad (10.11)$$

である．P または $1-P$ は $[0, 1]$ の一様乱数に対応する．

1）自由行程

次の反応を起こすまでは自由に飛行し，μ は一定なので，$N(x) = \mu x$ になる．したがって自由行程 x は乱数を ξ とし，$P = 1-\xi$ に置き換えると (10.10) より，

$$x = -\frac{\ln \xi}{\mu} \quad (10.12)$$

という，よく知られた式が得られる．μ を cm^{-1} 単位とすれば自由行程は cm 単位で得られる．この方法は何らの近似も入れない本来の意味でのモンテカルロ

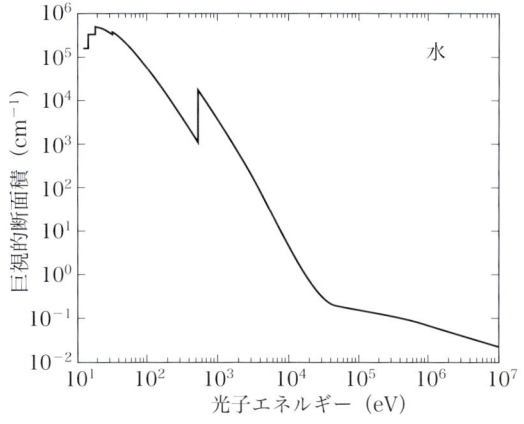

図 10-5. 水に対する光子の巨視的断面積

法であり，一般に光子や中性子に対して用いられている．図 10-5 に 10 eV〜10 MeV のエネルギー範囲の光子の，水分子における巨視的断面積 μ（cm^{-1}）を示す．あるエネルギーにおける全巨視的断面積 μ は，そのエネルギーにおける部分断面積を合計することによって求められる．光子の μ は光電効果，干渉性散乱，非干渉性散乱，電子対生成の各断面積の和である．

(10.12) の関係式は非荷電粒子のみならず，断面積データが手に入る場合には，すなわち巨視的断面積が分かっている場合，電子や重荷電粒子に対しても適用できる．図 10-1 や図 10-4 に示すように，相互作用ごとの空間的エネルギー付与を計算する微視的飛跡構造モンテカルロコードでは (10.12) を用いて自由行程を計算する．図 10-6 に 10 eV〜10 keV の低エネルギー電子の水における電離，励起，弾性散乱それぞれの巨視的断面積を示す．

陽子の場合 Bragg ピークより低いエネルギー，つまり 0.3 MeV 以下においては電荷交換過程が重要になる．水分子ターゲットを例にとると，

$$H^+ + H_2O \longrightarrow H^0 + H_2O^+ \quad （電子捕獲）$$
$$H^0 + H_2O \longrightarrow H^+ + e + H_2O \quad （電子損失）$$

なる電荷交換が起こる．陽子 H$^+$ はターゲットの電子を 1 個捕獲し，中性水素原子 H^0 に変わる．その結果ターゲットは電離される．また，H^0 は電子をはぎ取られ，H$^+$ に変わる．はぎ取られた電子は H^0 と同じ速さ，同じ方向に走る．陽子が

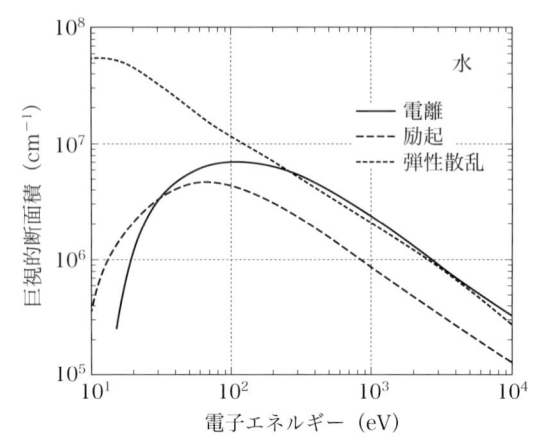

図 10-6. 水に対する低エネルギー電子の電離, 励起, 弾性散乱の巨視的断面積

物質中を進んでいくとき, この電荷交換過程が交互に頻繁に起こっている. したがって正しい飛跡を得るには陽子と中性水素原子両方の断面積が必要になる. 図 10-7(a) は, 1 keV—1 MeV 陽子の水における電離, 励起, 弾性散乱および電子捕獲の, (b) は中性水素原子の水における電離, 励起, 弾性散乱および電子損失の部分的巨視的断面積を示す.

2）圧縮履歴法

放射線診断・治療において関心のある電子のエネルギー領域は, およそ 10 keV から 20 MeV の範囲にある. 起こりうるイベントごとに自由行程を求め, 相互作用の型を選択していくという 1) の方法は, 放射線のエネルギーが高くなるにつれて膨大な計算時間と記憶容量を費やすことになり, 実際的でない. そこで圧縮履歴法 condensed history technique という近似的処理法が Berger によって考案された. ここでは電子を例にとって説明する.

電子は連続的にエネルギーを失っていくので, 光子と違って μ は変化する. もし運動エネルギー T_0, 全エネルギー $E_0 = T_0 + mc^2$ の電子が距離 x だけ進んで T_1, $E_1 = T_1 + mc^2$ になったとすると, $N(x)$ は次のように変形される.

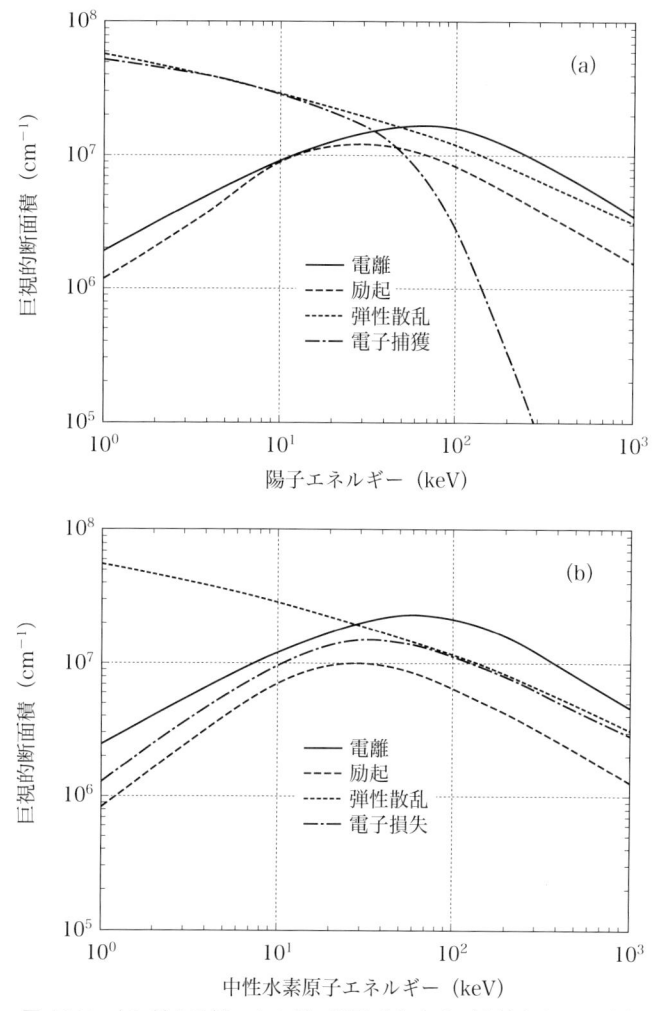

図 10-7. 水に対する低エネルギー陽子 (a) および中性水素原子 (b) の巨視的断面積

$$N(x) = \int_{E_0}^{E_1} \frac{\mu(E)}{(-dE/dx)_{\text{col},\Delta} + (-dE/dx)_{\text{rad},\Delta}} \, dE \equiv f(T_0) - f(T_1) \quad (10.13)$$

関数 $f(T)$ は無次元量であり，初期エネルギー T の電子が止まってしまうまで

図 10-8. 二次粒子生成確率 f(T)

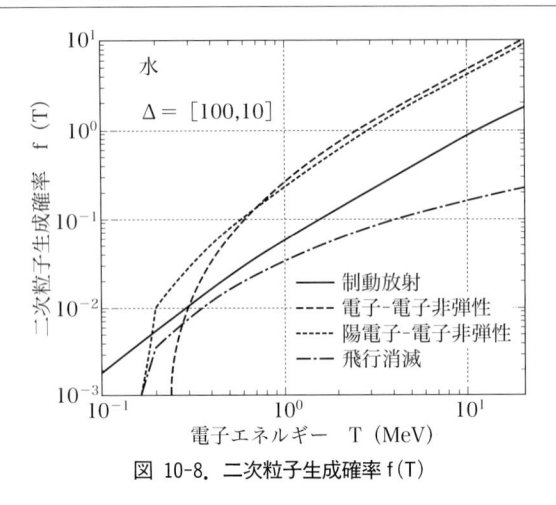

に生成する二次粒子の個数を意味しており，光子の場合の線減弱係数に対応している．分母の阻止能は制限阻止能で，連続阻止能ともいう．カットオフ Δ の値は電子と制動放射で同じである必要はない．いろいろのディスクリート過程，すなわち二次電子を生成する電子—電子非弾性散乱（Møller 散乱）と陽電子—電子非弾性散乱（Bhabha 散乱），二次光子を生成する制動放射と飛行中陽電子消滅光子の各過程について $f(T)$ を数値計算する．i 番目過程の全断面積を σ_i，ある分子の 1 cm³ に含まれる j 番目原子の個数を N_j とすると，$f_i(T)$ は，

$$f_i(T) = \sum_j N_j \int_{E_{th}}^{T+1} \frac{\sigma_i}{(-dE/dx)_{col,\Delta} + (-dE/dx)_{rad,\Delta}} dE \quad (10.14)$$

によって数値計算することができる．付録 2-4 に Møller 散乱，Bhabha 散乱，飛行中陽電子消滅の断面積公式を示した．各過程ごとに T の関数として $f(T)$ のテーブルを作成する．図 10-8 に $f(T)$ の計算例を示す．図中の $[100, 10]$ は二次電子 $\Delta = 100$ keV，二次光子 $\Delta = 10$ keV を意味する．(10.10) と (10.13) より

$$P = 1 - e^{f(T_1) - f(T_0)} \quad (10.15)$$

が得られる．もし $T_1 \sim 0$ ならば図から明らかなように $f(T_1) \sim 0$ になる．このとき P は，

$$P = 1 - e^{-f(T_0)} \tag{10.16}$$

になる．この確率 P と乱数 ξ を比較することによって，以下の結論を導くことができる．もし $\xi > P$ ならば電子は止まるまで一度もディスクリートイベントを起こさずに，連続的減速過程を繰り返す．一方，$\xi \leq P$ ならば電子は止まるまでに，少なくとも1回のディスクリートイベントを起こす．反応が起きたとして，そのときのエネルギー T_1 は (10.15) より

$$f(T_1) = f(T_0) + \ln(1 - \eta) \tag{10.17}$$

となる．ここで η は新たに生成される乱数である．この関係式から，用意した $f(T)$ の表を引くことによって，相互作用の起こるエネルギー T_1 を求めることができる．このように，圧縮履歴法は個々のエネルギー付与事象を連続的阻止能の中に一括するとともに，時折生成される高エネルギー二次粒子は新たな粒子と見なす混合型モンテカルロ法である．

2．電子過程

電子光子輸送コードの世界標準として現在もっともよく利用されている EGS (Electron Gamma Shower) コードをはじめ，電子輸送についてのモンテカルロ法では，圧縮履歴法が用いられている．この方法は，電子は連続的に減速しつつ多重散乱によって進路を曲げながら，時折エネルギーの大きい二次粒子（電子あるいは制動光子）を生成する，という考え方に基づいている．したがって，電子の減速過程を連続的減速過程とディスクリート過程の2つに分けて取り扱う．

まず電子の連続的行程を人工的に短い区間に分割する．区間分割の仕方は長さの等間隔ではなくて，エネルギーが区間ごとに一定割合で減衰していくようにする．この方が実験値とよく一致することが確かめられている．いま電子が i 番目の小区間に運動エネルギ T_i で入射し，その区間内において失うエネルギーを ΔT_i とする．一定割合を s とおくと $\Delta T_i = s T_i$ であり，それに相当する小区間の厚さ t_i は連続阻止能を用いて

$$t_i = \frac{\Delta T_i}{(-dE/dx)_{\text{col},\Delta} + (-dE/dx)_{\text{rad},\Delta}} \tag{10.18}$$

によって求められる．i が増すにつれて T_i は小さくなっていくので，厚さは一定でなく，だんだん短くなっていく．ステップサイズ s はふつう2～4％に設定さ

れるので，飛程の終端までおよそ100～200の小区間に分けられることになる．電子が小区間に入射する時点で，多重散乱による偏向角をサンプリングし，かつ制動放射やδ線放出の有無を判定する．もし何も相互作用を起こさなければ，(連続阻止能)×(小区間の厚さ)分だけエネルギーが減衰して次の小区間に移る．もし生成される場合には，それら二次粒子のエネルギー，発生点，放出方向を求める．電子のエネルギーは区間に入射するたびに下がっているので，これらの操作は次の区間に移るたびに必要となる．電子の追跡が光子に比べて格段に計算時間を要するのはこのためである．(10.18)のt_iは，第8章Eの電子多重散乱理論において導入された，物質層の厚さtに対応している．

3. 角度の変換

1回の相互作用によって生成される光電子，Compton散乱光子，Compton反跳電子，陰陽電子対，二次電子，制動放射などの放出角は入射粒子の進行方向を極とする極座標上の角度で与えられている．入射電子本体の多重散乱角についても同様である．ところが多数回の相互作用が繰り返し起こる場合には，反応のたびに入射方向が異なることになる．このため相互作用系での角度を，そのつど実験室に固定した座標系（これを実験室系とよぶ）から観測した角度に変換する必要がある．図10-9のように，実験室系(x, y, z)で極角θ，方位角

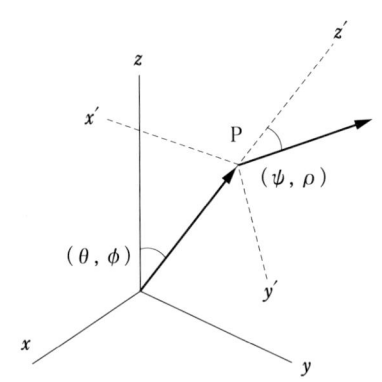

図10-9. 実験室系(x, y, z)と相互作用系(x', y', z')との関係

ϕ 方向に入射した粒子が P 点において相互作用を起こしたとする．入射粒子の方向を方向余弦 (l_0, m_0, n_0) で表わすと

$$l_0 = \sin\theta\cos\phi, \quad m_0 = \sin\theta\sin\phi, \quad n_0 = \cos\theta \quad (10.19)$$

である．衝突の結果，ある粒子が相互作用系 (x', y', z') から見て極角 ψ，方位角 ρ 方向に飛び出したとすると，方向余弦 (l' m', n') は，

$$l' = \sin\psi\cos\rho, \quad m' = \sin\psi\sin\rho, \quad n' = \cos\psi \quad (10.20)$$

で与えられる．問題は (ψ, ρ) を実験室系から見た方向に変換することにある．図から明らかなように，この変換はまず (x', y', z') 座標系を y' 軸のまわりに θ だけ回転して (x'', y'', z'') 系を作る．この系での方向余弦は，

$$\begin{pmatrix} l'' \\ m'' \\ n'' \end{pmatrix} = \begin{pmatrix} \cos\theta & 0 & \sin\theta \\ 0 & 1 & 0 \\ -\sin\theta & 0 & \cos\theta \end{pmatrix} \begin{pmatrix} l' \\ m' \\ n' \end{pmatrix} \quad (10.21)$$

次に新しい z'' 軸のまわりに $-\phi$ だけ回転すれば，(x, y, z) 系に戻ったことになる．(x, y, z) 系における方向余弦を (l, m, n) とおけば，

$$\begin{pmatrix} l \\ m \\ n \end{pmatrix} = \begin{pmatrix} \cos\phi & -\sin\phi & 0 \\ \sin\phi & \cos\phi & 0 \\ 0 & 0 & 1 \end{pmatrix} \begin{pmatrix} l'' \\ m'' \\ n'' \end{pmatrix} \quad (10.22)$$

が得られる．以上の式を整理すると実験室系から見た (ψ, ρ) は，

$$l = l_0\cos\psi + \frac{1}{\sqrt{1-n_0^2}}(l_0 n_0 \sin\psi\cos\rho - m_0\sin\psi\sin\rho) \quad (10.23)$$

$$m = m_0\cos\psi + \frac{1}{\sqrt{1-n_0^2}}(m_0 n_0 \sin\psi\cos\rho + l_0\sin\psi\sin\rho) \quad (10.24)$$

$$n = n_0\cos\psi - \frac{1}{\sqrt{1-n_0^2}}\sin\psi\cos\rho \quad (10.25)$$

となる．もし $n_0^2 \sim 1$，つまり $\theta \sim 0$ ならば，

$$l = \sin\psi\cos\rho, \quad m = \sin\psi\sin\rho, \quad n = \cos\psi \quad (10.26)$$

となって (10.20) と同じになるのは図より明らかである．これらは次の反応の実験室系における初期方向 (l_0, m_0, n_0) になる．

4. 境界との交点

いくつかの異なる物質が，ある幾何学的形状をもって共存しているとき，粒

子の進路と境界面との交点を求め，そこを起点にあらためて自由行程をサンプリングしなければならない．境界面の一般形は (x, y, z) の二次関数

$$f(x, y, z) = 0 \tag{10.27}$$

で表わされる．一方，(x_0, y_0, z_0) を出発した粒子が方向余弦 (l, m, n) をもって行程 R 進んだときの位置は，

$$x = x_0 + Rl, \quad y = y_0 + Rm, \quad z = z_0 + Rn \tag{10.28}$$

である．(10.27) と (10.28) から R を消去して解けば交点が求められる．3次元曲面についての一般解は，z については，

$$z_{\pm} = \frac{B \pm \sqrt{B^2 - AC}}{A} \tag{10.29}$$

の2交点になる．ただし $B^2 - AC < 0$ の場合には交わらない．交点が存在する場合，x と y は (10.28) より

$$x_{\pm} = x_0 + \frac{l}{n}(z_{\pm} - z_0), \quad y_{\pm} = y_0 + \frac{m}{n}(z_{\pm} - z_0) \tag{10.30}$$

となる．

　(例) 原点に中心をおく半径 a の球との交点
　この球面は

$$x^2 + y^2 + z^2 - a^2 = 0 \tag{10.31}$$

で表わされる．z についての解 (10.29) における A, B, C は，

$$A = 1$$
$$B = (l^2 + m^2) z_0 - n(lx_0 + my_0)$$
$$C = (l^2 + m^2) z_0^2 - 2 n z_0 (lx_0 + my_0) + n^2 (x_0^2 + y_0^2 - a^2)$$

となる．

11. 中性子

Summary

1. 中性子源には原子炉における核分裂，加速器を利用した核反応，放射性同位元素を利用した (α, n)，(γ, n) 反応，自発核分裂などがある．
2. 中性子が周囲と熱平衡にあるとき，熱中性子とよぶ．最頻エネルギーは $0.025\,\text{eV}$ である．
3. 水素によって熱中性子が捕獲されると，続いて $2.22\,\text{MeV}\,\gamma$ 線が放出される．捕獲断面積のエネルギー依存性は $1/v$ 法則にしたがう．
4. 水素によって弾性散乱される中性子のエネルギースペクトルは，最大値 E_n の矩形になり，平均エネルギーは $E_n/2$ である．

中性子は 1932 年に Chadwick によって発見された．^{235}U による遅い中性子の捕獲によって引き起こされる核分裂は，1939 年 Hahn と Strassmann によって発見された．核分裂が起こるときに数個の中性子が放出されるという事実は，持続的連鎖反応が可能であることを示唆した．Fermi（フェルミ）の指揮のもと，1942 年人類最初の原子炉が臨界に達した．

A. 中性子源

原子炉はもっとも豊富な中性子の源である．^{235}U の分裂から生じる中性子エネルギースペクトルは，数 keV から 10 MeV 以上にわたっており，平均は約 2 MeV である．実験炉には中性子ビームを炉心シールドの外側の実験室に送るポートがある．これらの中性子は通常，冷却されてエネルギーは減衰している．

粒子加速器は，多数の核反応によって中性子ビームを生成するために用いられている．たとえば，加速された重陽子がトリチウムターゲットに当たり，^{3}H(d,n)^{4}He 反応によって中性子を作る．加速器で単一エネルギー中性子を得るには，生成核の励起状態は望ましくない．そのため，陽子や重陽子ビームのターゲットには軽い物質が使われる．表 11-1 に，単一エネルギー中性子を得るのに使われるおもな反応を記す．はじめの 2 つは発熱反応で，数 100 keV のイオンが用いられる．あるイオンビームのエネルギーに対して，中性子は角度に依存するエネルギーを持って薄いターゲットから出てくる．

ラジウム，ポロニウム，プルトニウムのような α 線源と，ベリリウムや硼素のような軽金属を粉末状にして混合すると，放射性中性子線源ができる．

$$^{4}_{2}\text{He} + ^{9}_{4}\text{Be} \longrightarrow ^{12}_{6}\text{C} + ^{1}_{0}\text{n} \tag{11.1}$$

α 粒子は反応前に減速しているため，出てくる中性子エネルギーは連続スペク

表 11-1. 核反応による中性子線源

反応	Q 値 (MeV)
^{3}H(d,n)^{4}He	17.6
^{2}H(d,n)^{3}He	3.27
^{12}C(d,n)^{13}N	−0.281
^{3}H(p,n)^{3}He	−0.764
^{7}Li(p,n)^{7}Be	−1.65

表 11-2. (α, n) 反応による中性子線源

線源	平均中性子 エネルギー (MeV)	半減期
^{210}PoBe	4.2	138 d
^{210}PoB	2.5	138 d
^{226}RaBe	3.9	1600 y
^{226}RaBe	3.0	1600 y
^{239}PuBe	4.5	24100 y

表 11-3. (γ, n) 反応による中性子線源

線源	中性子 エネルギー (MeV)	半減期
^{24}NaBe	0.97	15.0 h
^{24}NaD$_2$O	0.26	15.0 h
^{116}InBe	0.38	54 min
^{124}SbBe	0.024	60 d
^{140}LaBe	0.75	40 h
^{226}RaBe	0.7（最大）	1600 y

トルになる．**表 11-2** に (α, n) 線源を示す．

同様に，(γ, n) 反応を利用した光中性子線源もある．例を**表 11-3** に示す．この場合は，単一エネルギー γ 線を放出する核種を選ぶことによって，単一エネルギー光中性子が得られる．

いくつかの非常に重い核は，自発的に核分裂し，中性子を放出する．^{252}Cf，^{244}Cm，^{238}Pu などがある．ほとんどの場合，自発核分裂の半減期は α 壊変の半減期よりも長い．

B．中性子の分類

中性子はそのエネルギーで分類するのが便利である．低い方からいえば，中性子が周囲と熱平衡にあるとき，速度分布は Maxwell–Boltzmann 分布にしたがう．速度が v と $v+dv$ との間にある中性子数を $n dv$，m を質量，A を定数とすれば，

$$n\mathrm{d}v = Av^2 e^{-\frac{mv^2}{2kT}} \mathrm{d}v \qquad (11.2)$$

k は Boltzmann 定数である．この分布にしたがう中性子を熱中性子（thermal neutron）といい，エネルギーは室温 20°C における分布の最尤値 $=kT$ である 0.025 eV で与えられる．室温における熱中性子の平均エネルギーは 0.038 eV になる．熱中性子の分布は必ずしも室温に対応するとは限らない．より低温の冷たい中性子（cold）や 20°C 以上の分布を持つ中性子も作られている．熱中性子は物質との弾性散乱を通して，エネルギーのごく一部を得たり失ったりする．原子核に捕獲されるまで拡散する．

 0.01 MeV または 0.1 MeV までのより高エネルギーの中性子は，低速中性子（slow），中速中性子（intermediate），共鳴中性子（resonance）などがある．速中性子（fast）はおよそ 10 MeV または 20 MeV までをいう．

C. 物質との相互作用

 光子と同様，中性子は，非荷電なので物質中で相互作用せずにかなりの距離を走る．中性子と電子との相互作用は無視でき，原子核との衝突で弾性・非弾性散乱をする．弾性散乱では，中性子によって失われたエネルギーが反跳核の運動エネルギーと等しい．散乱が非弾性のときは，核は内部にエネルギーを吸収し励起状態になる．また，中性子は核によって捕獲または吸収され，(n, p)，(n, 2n)，(n, α)，(n, γ) などの反応を起こす．

 速中性子は，一連の弾性散乱によってエネルギーを失う．エネルギーが減少するにつれ，核による捕獲が増える．そして熱エネルギーに達すると核に吸収されるまで，弾性散乱によってランダムに動き回る．

 中性子と原子核の相互作用の断面積は，一般に中性子エネルギーの複雑な関数である．図 11-1 は中性子と水素および炭素との相互作用の全断面積を示す．水素原子核は励起状態がないので，弾性散乱と捕獲のみが可能である．捕獲断面積は小さいので，全断面積の大部分は弾性散乱である．対照的に炭素の断面積は，とくに 2-10 MeV において構造を示す．これは核が飛び飛びの励起状態を持っているため，特定の中性子エネルギーで弾性・非弾性散乱が増えたり減っ

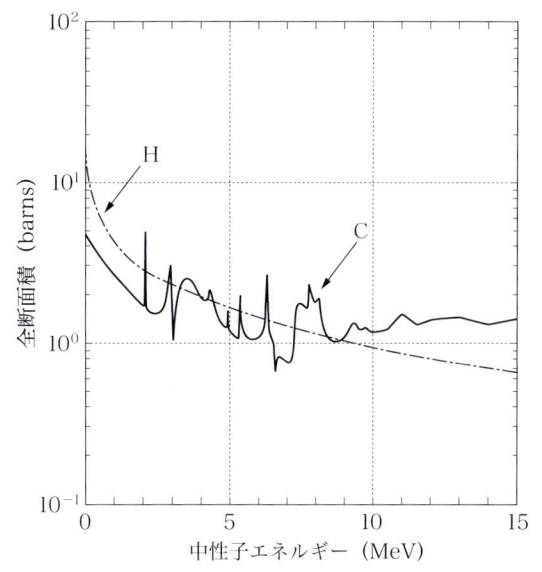

図 11-1. 水素と炭素に対する中性子の全断面積

たりするからである．

水素による熱中性子の捕獲は，

$${}^1_0n + {}^1_1H \longrightarrow {}^2_1H + \gamma \tag{11.3}$$

で表わされる．中性子が吸収された後，直ちに 2.22 MeV の γ 線が放出される．この値は重陽子の結合エネルギーを表わす．(11.3) の捕獲断面積は 0.33 barn である．低エネルギー中性子の捕獲断面積はエネルギーの増加につれて，中性子速度の逆数で減少していく．この現象を $1/v$ 法則とよんでいる．したがって，もしある速度 v_0 (エネルギー E_0) に対して捕獲断面積 σ_0 が分かっているとき，ほかの速度 v (エネルギー E) における断面積を推定できる．

$$\frac{\sigma}{\sigma_0} = \frac{v_0}{v} = \sqrt{\frac{E_0}{E}} \tag{11.4}$$

この関係式は，100 eV ないし 1 keV まで用いることができる．

D. 弾性散乱

質量 M，運動エネルギー E_n の中性子が，質量 m の核に1回の正面衝突で付与する最大エネルギーは，

$$Q_{\max} = \frac{4mME_n}{(M+m)^2} \quad (11.5)$$

これから，中性子は水素との衝突においてはエネルギーをすべて失うことが分かる．原子核の質量が増加するにつれ，付与エネルギーは小さくなり，したがって減速材としての効率が悪くなる．

中性子-陽子散乱において，それらの質量が等しいということから，衝突後それらは直角に分かれていく．図 11-2 は実験室系における，衝突前後の運動量を表わす．中性子が運動量 MV で核 m に近づく．衝突後，核と中性子はそれぞれ運動量 mv' と MV' をもっている．エネルギー保存則より，もし $M=m$ ならば，$V^2 = v'^2 + V'^2$ になる．よってベクトル v' と V' は直角をなす．

中性子弾性散乱は，中性子エネルギー測定において重要な役割を演じる．比例計数管ガス中の核の反跳エネルギーを測ることができる．反跳エネルギーと

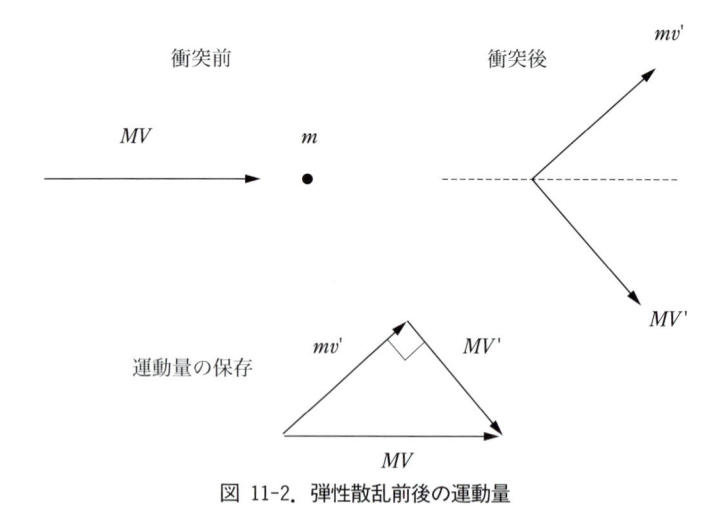

図 11-2. 弾性散乱前後の運動量

反跳角は，中性子のエネルギーに関係している．中性子がエネルギーE_nで陽子に衝突し，θ 方向にエネルギーQ で反跳されたとすると，

$$Q = E_n \cos^2\theta \tag{11.6}$$

もし多数の入射中性子個々について Q と θ を測定できれば，入射中性子スペクトルが得られる．

E. 反跳陽子のエネルギースペクトル

　(11.6)から分かるように，単色の中性子が入射しても反跳陽子のエネルギーは単色とはならない．このときのエネルギー分布を調べてみよう．中性子―陽子散乱は，質量中心系（重心系）では等方的であることが実験的に観測されている．この事実を，陽子が実験室系における角 θ に反跳される確率密度に解釈しなおす．重心系における等方散乱は，実験室系においては一様なエネルギー損失スペクトルになることを以下に証明する．

　重心系においては，重心は中性子と陽子の中間にあり，等速度 $V/2$ で右に動いている．衝突後もそのまま右に動く．図 11-3(a) は衝突後のベクトルの関係を表わす図で，O は衝突点，C は重心，N は中性子，P は陽子である．陽子散

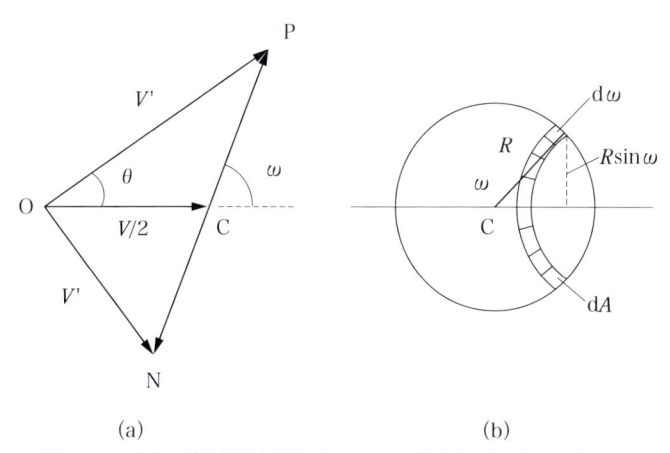

(a)　　　　　　　　　　　　　(b)

図 11-3. (a) 実験室系と重心系における衝突後の速度ベクトル，
　　　　(b) 重心 C を中心とする半径 R の球

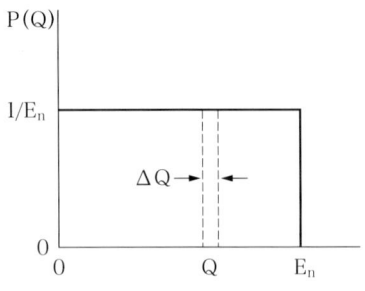

図 11-4. 中性子のエネルギー損失スペクトル

乱角は実験室系では θ, 重心系では ω である．重心系では 2 つの粒子は，同じ速度で反対方向に散乱される．また，運動エネルギーは失われないので，重心系では衝突後の速度は変わらない．よって OC＝CP＝CN になる．また図より $\omega = 2\theta$ である．

図 11-3(b) は重心 C を中心とする半径 R の球を示す．散乱は等方的だから，陽子が帯の面積 $dA = 2\pi R\sin\omega \cdot R d\omega$ に散乱される確率 $P_\omega(\omega)d\omega$ は，

$$P_\omega(\omega)d\omega = \frac{dA}{4\pi R^2} = \frac{1}{2}\sin\omega d\omega \tag{11.7}$$

実験室系での対応する確率 $P_\theta(\theta)d\theta$ は $P_\omega(\omega)d\omega$ に等しい．よって，

$$P_\theta(\theta)d\theta = 2\sin\theta\cos\theta d\theta \tag{11.8}$$

中性子が Q と $Q+dQ$ の間のエネルギーを失う確率は，

$$P(Q)dQ = 2\sin\theta\cos\theta \left(\frac{dQ}{d\theta}\right)^{-1} dQ \tag{11.9}$$

(11.6) を用いると，目的の中性子エネルギー損失スペクトルが得られる．

$$P(Q)dQ = \frac{1}{E_n}dQ \tag{11.10}$$

図 11-4 に，陽子によって散乱された中性子のエネルギースペクトルを示す．したがって平均エネルギーは $E_n/2$ になる．

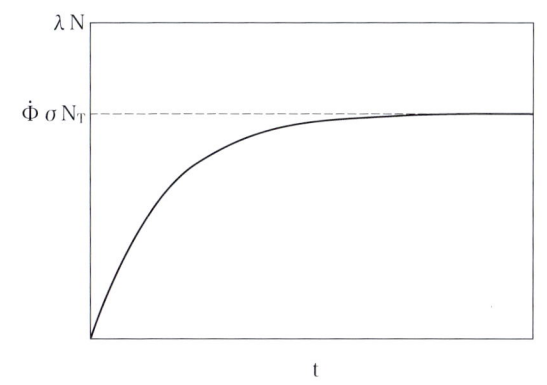

図 11-5. 中性子照射による放射能のビルドアップ

F．中性子による放射化

　断面積 σ をもつターゲット原子を N_T 個含む試料が，フルエンス率 $\dot{\Phi}$ の単色中性子ビームによって照射されると，中性子吸収による娘原子の生成率は $\dot{\Phi}\sigma N_T$ になる．試料中の娘原子数を N，壊変定数を λ とすれば，試料から娘原子が失われる割合は λN となる．これから，試料が照射されている間の生成核種数の変化率 dN/dt は，

$$\frac{dN}{dt} = \dot{\Phi}\sigma N_T - \lambda N \tag{11.11}$$

で与えられる．この方程式を解くために，フルエンス率と N_T は一定と仮定する．その結果

$$\lambda N = \dot{\Phi}\sigma N_T \,(1-e^{-\lambda t}) \tag{11.12}$$

左辺は t の関数として生成核種の放射能を表わしている．$\dot{\Phi}\sigma N_T$ は $t \to \infty$ の時間照射されたとき得られる最大放射能で，これを飽和放射能という．図 11-5 に (11.12) の関数をプロットする．

12. 加速器

Summary

1. 粒子加速器は，高電圧加速器，線形加速器，円形加速器に大別される．
2. 電子ライナックでは，導波管内を伝播する高周波によって加速する．医療用電子ライナックは約3,000 MHzの高周波を用いる．
3. サイクロトロンによる加速エネルギーの限界は，シンクロサイクロトロンやAVFサイクロトロンによって克服された．
4. シンクロトロンは半径一定で回るために，軌道に分布している磁場と加速電波の周波数を同時に変えながら加速する．
5. マイクロトロンは電子をサイクロトロンと類似の方法で，マイクロ波によって加速する．

A. Cockcroft-Walton 型加速器

1932年 Cockcroft と Walton は直流高電圧発生器を作り，水素イオンを加速してリチウムに当てて，加速器による最初の核変換実験に成功した．

$$p + {}_3^7Li \longrightarrow {}_2^4He + \alpha$$

Cockcroft-Walton の装置は，当時開発された油拡散ポンプの使用によって加速管内を高真空に保つことが可能となり，水素イオンの加速ができた．彼らの核変換実験がきっかけとなって，いろいろの型の加速装置が出現することになる．

図 12-1 に Cockcroft-Walton 型高電圧回路を示す．図は二段形式であるが，出力電圧は 0-1 間が $2V_0$, 0-2 間が $4V_0$ となる．これを n 段にすれば出力電圧は $2nV_0$ となるが，実際にはコンデンサの放電，変圧器や整流器の内部抵抗，材料の絶縁耐圧，空気放電などのため，最高 2 MV までといわれている．

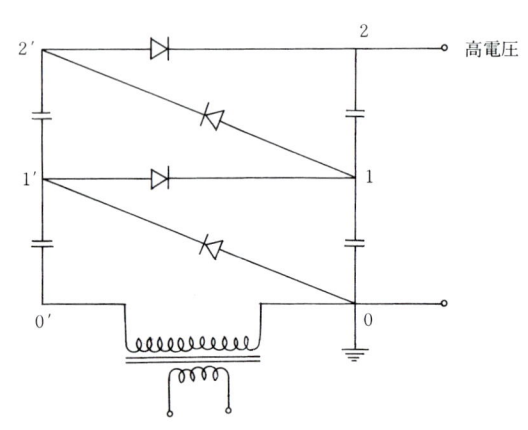

図 12-1. Cockcroft-Walton 型整流回路[1]

B. Van de Graaff 型加速器

1931年 Van de Graaff は絶縁ベルトを回転させ，これに電荷を付着させて電荷を運ぶ方法で高電圧を発生させた．図 12-2 に Van de Graaff 装置（別名ベルト起電機）の原理を示す．A と B は櫛状電極で絶縁ベルトと数 mm 離して取り付けてある．絶縁ベルトは非常に絶縁性の良いもので毎分数百 m の速さで回転している．5〜20 kV の適当な整流回路によって，正電荷が電極 A のコロナ放電によってベルトに移され運ばれる．ベルト上の電荷は電極 B によって球状電極に移され，その電位を高める．

ベルト起電機で得られる電圧の限界は，球状電極からコロナ放電によって失われる電荷とベルトの運ぶ電荷が平衡に達したときである．コロナ放電を減少するために高圧部分も加速部分もタンクの中に入れて，これに乾燥した空気，窒素，フレオンなどのガスを数気圧につめて絶縁性を増す．最高で 7 MV くらいまで上げることができる．現在ではベルトの代わりに金属ペレットのチェー

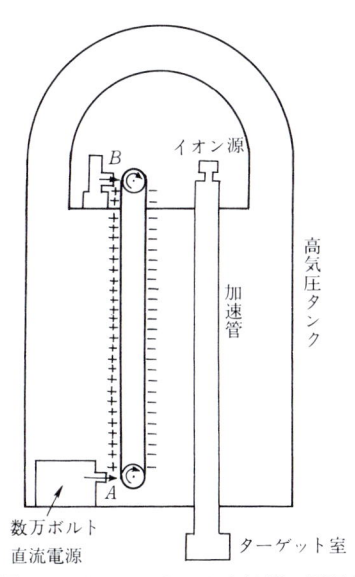

図 12-2. Van de Graaff 加速器の原理[1]

ンを使用したペレトロンも普及している．この加速器の特徴は，エネルギーの均一なビームが得られる点である．均一度は 0.1% 程度になる．

また，タンデム型 Van de Graaff 装置は，荷電粒子をグラウンド側から入射させて高電圧電極まで加速し，イオンが高電圧側に達した時点でイオンに逆の電荷を与えて，入射側と反対方向に再び加速してグラウンド側でイオンを取り出す．このように荷電粒子は 2 回加速されるので，普通型 Van de Graaff 装置に比べて同じ高電圧で 2 倍の粒子エネルギーを得ることができる．

C. ライナック

ライナック（linac）あるいは線形（直線）加速器というのは，イオンを直線状に走らせながら加速するのでこの名が付いている．その特徴は高周波の電場を利用して加速するところにある．1925 年 Ising および 1928 年 Wideroe が着想を発表し，1931 年 Sloan と Lawrence が実験している．当時は電波技術が未発達であったのと，イオン収束の研究が進んでいなかったために成功しなかった．しかし，第 2 次世界大戦の後，電波技術が急速に発展するに及んで，電子や陽子を加速することに成功するようになった．電子と陽子ではその質量が異なるために，同じエネルギーでも速さが著しく異なるから設計は異なる．

1. 陽子ライナック

陽子を加速するときは陽子の初めの速さが小さいために，Alvarez 型といわれ，円筒の軸方向にできる電場の共振を利用する．陽子ライナックは図 12-3 のように，長さの少しずつ違う円筒パイプ状の加速管を 1 つおきに結線して高周波発振器につないである．加速管間の空隙に高周波電場が生ずるので，この電場を利用して空隙の位置に陽子がきている時間に加速する．注入直後の陽子の速度は遅いので前段部の加速管の長さは短く，取り出し口に近づくにつれて長くなる．

電荷 e をもつ陽イオンがエネルギー eV_0 に相当する速度で第 1 電極中を走り，第 2 電極との間にきたとする．その瞬間 A が正で B が負であれば陽イオンは AB 間の電位差 V だけ加速されて $e(V_0+V)$ のエネルギーになり，第 2 電極内を走る．加速管は金属で作られているから，陽イオンが第 2 電極内を走っ

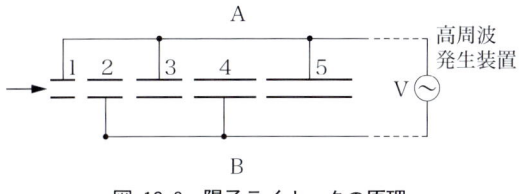

図 12-3. 陽子ライナックの原理

ている時間は電場の影響を受けず一定速度を保っている．もし第2電極の長さが適当であれば，第1と第2電極の間で加速された陽イオンが第2電極内を走る間に A, B の電位差は逆になり，再び第2と第3電極の間で加速される．このようにすべての電極の長さを適当に選べば，いつも各電極間に粒子がきたとき高周波交流の最高電圧で加速されるようにすることができる．このような状態を共鳴という．一般に，$n+1$ 番目の電極内を走る粒子のエネルギーは，$e(V_0+nV)$ である．その速度を v_n とすると，

$$\frac{1}{2}mv_n^2 = e(V_0+nV) \tag{12.1}$$

より，

$$v_n = \sqrt{\frac{2e}{m}(V_0+nV)} \tag{12.2}$$

となる．粒子が電極内部を通り抜けるに要する時間が，高周波の周期 T の半周期に等しければよい．したがって，

$$l_{n+1} = \frac{1}{2}Tv_n = T\sqrt{\frac{e}{2m}(V_0+nV)} \tag{12.3}$$

の長さを持てばよいことになる．

陽子ライナックには 200 MHz くらいの高周波が用いられ，20〜100 MeV の陽子が得られる．また，電流は 100 mA〜1 A と大きいので，シンクロトロンの入射器として利用されている．

2．電子ライナック

電子は 80 keV ですでに $\beta=v/c=0.5$ に達するので，そのあとを高周波で加速する．そのため電子の進行方向に電場をもち，位相速度を電子の速さに合致

させた導波管を用いる．導波管というのは中空の金属管で，マイクロ波（$\lambda_0 <$ 30 cm）のような波長の短い電波を少ない損失で伝えるためのものである．電波は管内部を，反射を繰り返しながら伝播していく．

自由空間における電波の波長を λ_0，管内での波長を λ_g，管の内径を r とすれば，(a) $\lambda_0 > r$ のときは電波は減衰して通らない．(b) $\lambda_0 = 2.61\, r \equiv \lambda_c$ のときは軸に平行な電場が生じて λ_g は無限大となり，電波は減衰しないで通過する．λ_c を遮断波長という．(c) $\lambda_g > \lambda_c > \lambda_0$ のときには，交流電場を生じて管内を通っていく．この様子を図 12-4 に示した．条件 (c) のときには，軸対称で軸方向に成分をもつ高周波電場が生じる．この高周波を TM_{01} 波 (transverse magnetic wave) という．一方，一様な導波管を伝わる電波には常に，

$$v_p \geq c \geq v_g \tag{12.4}$$

なる関係がある．ここで v_p は位相速度，c は光速度，v_g は群速度である．相対論によれば，物質である電子の速度は光速より遅いから，このままでは電子を加速することはできない．

円形導波管の電波の位相速度を，電子の速度まで下げるために丸い孔のある金属円板を管内に適当な周期で入れる．円板の間隔を λ_g の 1/4（1 波長に 4 枚の

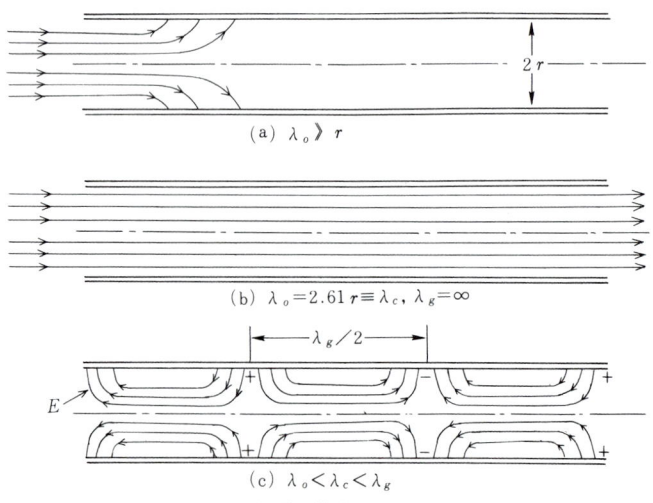

図 12-4．円筒導波管中の TM_{01} 波の電場[1]

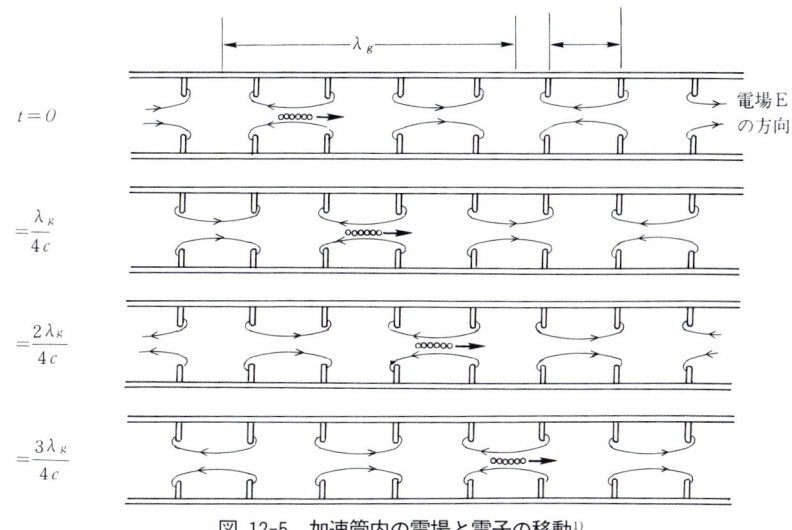

図 12-5. 加速管内の電場と電子の移動[1]

円板)としたものを $\pi/2$ モードといい,進行波である.図 12-5 に加速管内の電場 E の方向と電子の移動の様子を示す.電子は初めは遅くあとでは加速されて速くなるので,加速管の円板の間隔 D は,電子の注入側は狭く射出側に近づくにつれて少しずつ広くしてある.電子の速度は 2 MeV で $0.9791c$,5 MeV で $0.9957c$ となり,エネルギーが少し高くなると加速管の長さはほぼ一定となる.
　医療用電子ライナックは約 3,000 MHz の高周波を用い,6 MeV 程度で加速管部の全長は 1 m と短くてすみ,回転照射に適している.ライナックは荷電粒子を直線的に加速するので,注入粒子のほとんどを取り出すことができて高い電流が得られる.特に医療用ライナックは,高線量率の X 線発生装置として利用されている.

D. サイクロトロン

　サイクロトロンは,1931 年の Lawrence の成功以来数多く建設されて原子核物理学のために多大な貢献をした.サイクロトロンもイオンの加速に高周波を用いるが,磁場によってイオンに円運動を行わせながら加速する.イオンが一

様な磁場の中で円運動をするときには，速さが大きくなって円運動の半径が大きくなっても1回転の周期は一定である．この点がサイクロトロンの原理のうち最も大きい点である．すなわち粒子の電荷を q，質量を m，磁束密度を B，回転半径を r とすれば，

$$qvB = \frac{mv^2}{r} \tag{12.5}$$

この関係式より，円運動の角速度 ω は，

$$\omega = \frac{v}{r} = \frac{qB}{m} \tag{12.6}$$

となる．

　図 12-6 にサイクロトロンの原理図を示す．ディー(Dee，形状が英字の D に似ていることから名付けられた) は電導性で非磁性体の中空の加速箱で，これに高周波電圧をかけてディーの間の空隙で粒子を加速する．サイクロトロンは，高周波の角周波数 $\omega_0 (=\omega)$ と磁束密度 B を一定にして運転されるので，エネルギーが高くなると質量 m が増し，ω は一定でなくなる．そのために粒子の速度が大きくなると次第に位相がずれてきて，ディーの空隙に粒子が現れる時刻には逆電圧がかかってしまい，粒子は加速されなくなる．このために陽子では 20 MeV，α 粒子で 45 MeV 程度が最大限とされた．しかしこの制限から逃れる

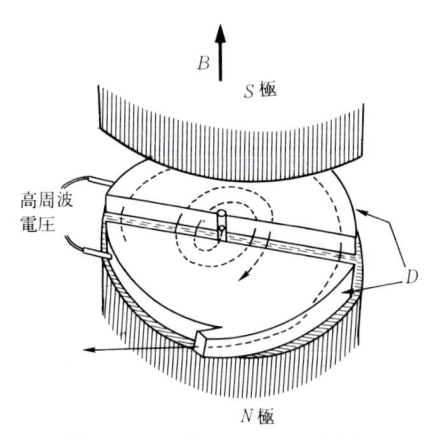

図 12-6. サイクロトロンの原理[1]

方法があった．それは，

①　高周波に周波数変調を加え，イオンの半径が大きくなったら周波数を小さくして加速する（シンクロサイクロトロンあるいは FM サイクロトロン）．

②　イオンがある半径を回るときに，磁場が一定でなく，磁場の弱い所と強い所を作るようにする．このために集束作用が生まれるので，磁場の平均値は半径に向かって大きくなり，相対論による質量増大に合わせてイオンの周期を一定にできる（AVF サイクロトロン）．

現在，①については 800 MeV まで，②については 100 MeV まで建設されている．

E. シンクロトロン

シンクロトロンでは半径は一定であって，初めから細いドーナツ状の真空の管の中を回る．ドーナツに沿って電磁石が分布していて，イオンが軌道に沿って運動するように導く．イオンを加速するのは軌道に分布している電波加速空洞である．図 12-7 に軌道の一部を示す．イオンは加速されるにしたがってその運動量が大きくなるから，一定の半径で回るためには磁場が大きくなる必要がある．このために磁場が変化する．またイオンの速さが大きくなり，イオンの周期も変わるので電波加速空洞の周波数も変調することになる．つまり，磁場の大きさと，加速電波の周波数を同時に変えながら加速する．電子シンクロトロンでは，電子は加速するとすぐに光速度に近づくので，B は変化させるが加速周波数は変えない．シンクロトロンでは電磁石が小型であるために建設の費用が少ない．現在電子では 8 GeV，陽子では 400 GeV までのものがある．このような大きいエネルギーのものでは，直径が 100 m または 2 km 程度となる．

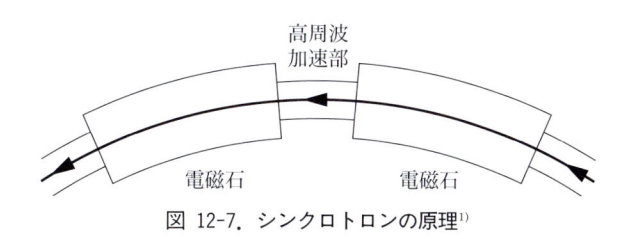

図 12-7. シンクロトロンの原理[1]

F. ベータトロン

ベータトロンの着想は 1928 年に Wideroe が行っているが，実用化したのは Kerst で，1941 年に 2 MeV のものを製作した．ベータトロンは加速器の中で特殊な立場をもつ．それは加速するのに直流電場も，電波の電場も用いないからである．ベータトロンで電子を加速する電場は，変圧器のコイルの中で電子に働いて電流を流す電場と同じものである．この電場は軌道の中の磁束密度の時間変化によって生ずる誘導電場を利用するもので，軌道の所の磁束密度は電子を曲げることと，集束の両方を行う．

図 12-8 はベータトロンの原理図である．電子はドーナツ内部を運動量 P と磁束密度 B で決まる半径 r の円軌道上を運動する．加速電場 E_θ はこの軌道内の磁束 Φ の時間的変化に比例し，方向は軌道の接線方向である．単位時間当たりの運動量の増加は，

$$\frac{dP}{dt} = eE_\theta = \frac{e}{2\pi r}\frac{\partial \Phi}{\partial t} \tag{12.7}$$

である．実用上軌道半径 r は加速時間中，一定であることが望ましい．このために，加速電場をつくる軌道内磁束と電子の円運動のための周回用磁場の間に一定の関係を保つ必要がある．この条件をベータトロン条件と呼ぶ．$P = eBr$ と式 (12.7) から

$$2\pi r^2 B = \Phi - \Phi_0 \tag{12.8}$$

ただし，Φ_0 は磁束の初期値である．この条件が満たされているとき，r を半径とする軌道をベータトロンの平衡軌道または安定軌道と呼ぶ．

図 12-8(b) にベータトロンドーナツを示す．電子銃から電子を注入するには，電子銃付近のドーナツの外側に巻かれた不整磁場コイルにパルス電流を流して電子を軌道に乗せる．電子の取り出しは，ピーラー付近に巻いた不整磁場コイルを用いて行う．ピーラーは強磁性材料で作られた中空の細管で，この管の中を通ってきた電子は直進する．X 線を発生させるときは不整磁場コイルで白金ターゲットに電子を当てる．安定軌道の外側に電子を曲げる場合を expansion といい，内側に曲げるときを contraction という．ベータトロンの欠点は，注入電子の 1% 程度しか出力として取り出せないことである．したがって，X 線用と

(a) 円運動　　　　　　(b) ベータートロンドーナツ

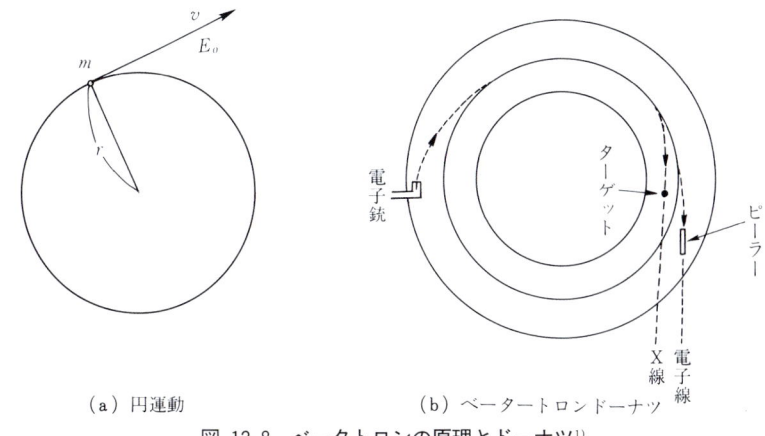

図 12-8. ベータトロンの原理とドーナツ[1]

しては用いられず,主として電子線専用に使用される.最高エネルギーは 50 MeV 程度である.

G. マイクロトロン

電子はエネルギーが少し高くなると光速度に近づくので,サイクロトロンと同じ方法では加速できない.しかし,ある条件下では電子もサイクロトロンと類似の方法で加速できることを,1945 年 Veksler が提案した.この加速器をマイクロトロンという.

一定の磁束密度 B に垂直に速度 v の電子を入射させると,円運動の式 (12.6) が成り立つ.円運動の周期を T とすれば,$\omega T = 2\pi$ であるから T は,

$$T = \frac{m}{qB}, \quad m = \frac{m_0}{\sqrt{1-(v/c)^2}} \tag{12.9}$$

となる.

電子のエネルギーが高くなると,m が大きくなり T が大きくなる.すると,加速位置における電子とマイクロ波の位相が崩れて電子は加速されなくなる.そこで,周波数 f のマイクロ波で電子を加速することを考える.第 1 回目の加速による回転周期 T_1 がマイクロ波の周期の整数倍(a 倍)であって,しかも n

番目の周期 T_n と $(n+1)$ 番目の周期 T_{n+1} の差 $(T_{n+1}-T_n)$ がマイクロ波の周期の整数倍 (b 倍) であるならば，加速位置で電子はマイクロ波の位相と一致することになり，電子加速は可能となる．

マイクロ波の1周期は $1/f$ であるから，

$$T_1 = \frac{a}{f}, \quad T_{n+1} - T_n = \frac{b}{f} \tag{12.10}$$

これをマイクロトロンの加速条件という．

B が一定のとき T は m に比例し，mc^2 に比例する．加速空洞への電子の注入エネルギーを E，マイクロ波による1回転当たりの加速エネルギーを E_r とすれば，a と b の比は，

$$\frac{a}{b} = \frac{T_1}{T_{n+1}-T_n} = \frac{(m_0c^2+E)+E_r}{E_r} \tag{12.11}$$

となる．よって，E_r は，

$$E_r = \frac{b}{a-b}(m_0c^2+E) \tag{12.12}$$

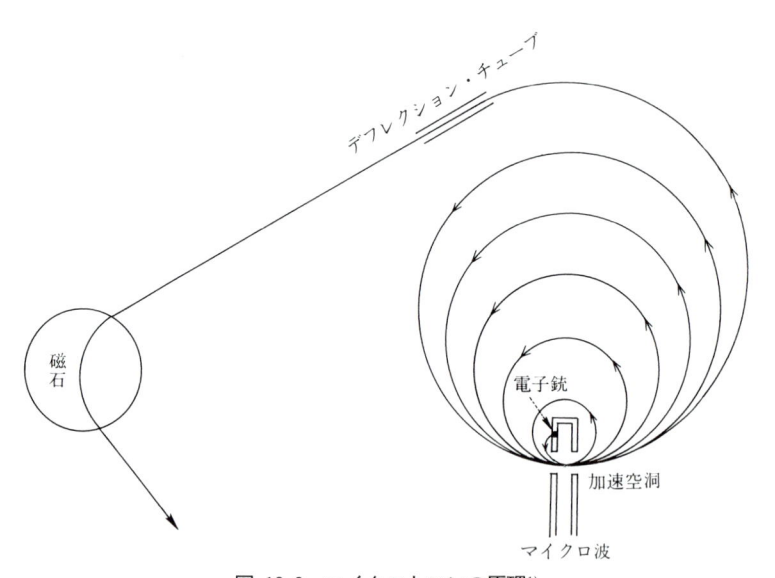

図 12-9. マイクロトロンの原理[1]

で表わされる．例として $f=3\,\mathrm{GHz}$, $a=2$, $b=1$ の場合, $E=20\,\mathrm{keV}$ とすれば, $E_\mathrm{r}=531\,\mathrm{keV}$ となり，電子を 40 回転させると 21.24 MeV のエネルギーが得られる．また，40 回の回転時間は 1.4×10^{-8} sec となる．

図 12-9 にマイクロトロンの原理図を示す．デフレクション・チューブからの電子は真空パイプ中を通り，途中で電磁石により曲げられ照射ヘッドまで導かれる．デフレクション・チューブはベータトロンのピーラーと同じものである．照射ヘッド部で電子線と X 線の切り換えが行われる．X 線は照射ヘッド内のターゲットに電子を当てて発生し使用される．

付　　録

1．制動放射についての Koch-Motz 断面積公式

使用する記号の意味は,

　　$T=$電子の初期運動エネルギー

　　$E=$電子の初期全エネルギー

　　$k=$制動光子のエネルギー

　　$E'=$制動光子放出後の電子の全エネルギー $(=E-k)$

　　$\gamma=$遮蔽因子 $(=100\,k/EE'Z^{1/3})$

　　　軌道電子による原子核のクーロン場の遮蔽効果を表わすパラメータで, $\gamma=0$ は完全に遮蔽される場合, $\gamma=\infty$ は遮蔽がない場合を表わす.

制動光子エネルギー k についての微分断面積は, T および γ によって次のように分類されている.

$10\text{ keV} \leqq T < 2\text{ MeV}$	$d\sigma/dk = A_E f_E$	$d\sigma^{3BN}/dk$	
$2\text{ MeV} \leqq T < 15\text{ MeV}$	$d\sigma/dk = A_E$	$d\sigma^{3BN}/dk$	$\gamma > 15$
	$d\sigma/dk = A_E$	$d\sigma^{3BSd}/dk$	$2 \leqq \gamma \leqq 15$
	$d\sigma/dk = A_E$	$d\sigma^{3BSc}/dk$	$\gamma < 2$
$15\text{ MeV} \leqq T < 50\text{ MeV}$	$d\sigma/dk =$	$d\sigma^{3BN}/dk$	$\gamma > 15$
	$d\sigma/dk = A_E$	$d\sigma^{3BSd}/dk$	$2 \leqq \gamma \leqq 15$
	$d\sigma/dk = A_E$	$d\sigma^{3BSc}/dk$	$\gamma < 2$

以後, エネルギーの単位は電子静止質量単位 (mc^2) を用いる. したがって $E=T+1$ である. 上式において f_E は, Elwert 補正因子とよばれるもので,

$$f_E = \frac{\beta_0}{\beta} \frac{[1-e^{-2\pi Z/137\beta_0}]}{[1-e^{-2\pi Z/137\beta}]}$$

ただし，$\beta_0{}^2 = 1 - 1/E^2$, $\beta^2 = 1 - 1/E'^2$, Z は媒質の原子番号である．A_E は実験値にフィットするように定めた補正因子で，Koch-Motz の論文にグラフで与えられている．添字 3 BN, 3 BSd, 3 BSc の意味は，"3" は光子エネルギーについての微分断面積，"B" は Born 近似，"N" は遮蔽なし "S" は遮蔽あり"で "c", "d" は遮蔽の程度を表わす．具体的な式は次のとおりである．

$$\frac{d\sigma^{3BN}}{dk} = \frac{Z(Z+1) r_e^2}{137} \frac{p'}{p} \left[\frac{4}{3} - 2EE' \left(\frac{p'^2 + p^2}{p'^2 p^2} \right) + \frac{\varepsilon E'}{p^3} + \frac{\varepsilon' E}{p'^3} - \frac{\varepsilon \varepsilon'}{pp'} + L \cdot U \right] \frac{1}{k} \quad \text{(付 1)}$$

ここで，

$$p^2 = E^2 - 1, \quad p'^2 = E'^2 - 1, \quad r_e = 2.81794 \times 10^{-13} \text{cm}$$

$$\varepsilon = \ln \frac{E+p}{E-p}, \quad \varepsilon' = \ln \frac{E'+p'}{E'-p'}$$

$$L = 2 \ln \left(\frac{EE' + pp' - 1}{k} \right)$$

$$U = \frac{8}{3} \frac{EE'}{pp'} + k^2 \frac{E^2 E'^2 + p^2 p'^2}{p^3 p'^3} + \frac{k}{2pp'} \left[\left(\frac{EE' + p^2}{p^3} \right) \varepsilon - \left(\frac{EE' + p'^2}{p'^3} \right) \varepsilon' + \frac{2kEE'}{p^2 p'^2} \right]$$

$$\frac{d\sigma^{3BSd}}{dk} = \frac{4 Z(Z+1) r_e^2}{137} \left[1 + \left(\frac{E'}{E} \right)^2 - \frac{2}{3} \frac{E'}{E} \right] \left[\ln \frac{2EE'}{k} - \frac{1}{2} - c(\gamma) \right] \frac{1}{k} \quad \text{(付 2)}$$

$$c(\gamma) = 0.102 \, e^{-0.151\gamma + 0.47 e^{-0.63\gamma}}$$

$$\frac{d\sigma^{3BSc}}{dk} = \frac{4 Z(Z+1) r_e^2}{137} \left\{ \left[1 + \left(\frac{E'}{E} \right)^2 \right] \left[\frac{\phi_1(\gamma)}{4} - \frac{\ln Z}{3} \right] - \frac{2}{3} \frac{E'}{E} \left[\frac{\phi_2(\gamma)}{4} - \frac{\ln Z}{3} \right] \right\} \frac{1}{k} \quad \text{(付 3)}$$

$$\phi_1(\gamma) = \phi_2(\gamma) + 0.5 \, e^{-2.31\gamma} + 0.12 \, e^{-19.8\gamma}$$

$$\phi_2(\gamma) = 20.14 \, e^{-0.151\gamma}$$

2．電子-電子非弾性散乱（Møller 散乱）断面積公式

　入射電子のエネルギーに比べて軌道の束縛エネルギーが無視できれば，軌道電子は孤立した自由電子と考えてよい．入射電子は軌道電子と非弾性衝突して

方向を変え，エネルギーの一部を相手に与える．エネルギーをもらった二次電子は軌道から叩き出され，原子は電離される．この衝突過程をMøller散乱という．もし二次電子のエネルギーが大きければその電子は，δ線と見なされる．入射運動エネルギーを T，二次電子エネルギーを w とする．ただしエネルギーは mc^2 単位で表わす．Møller散乱の w についての微分断面積は，

$$\frac{d\sigma}{dw} = \frac{2\pi Z r_e^2}{T^2 \beta^2}\left[\frac{1}{\varepsilon^2} + \frac{1}{(1-\varepsilon)^2} + \frac{T^2}{(1+T)^2} - \frac{1}{\varepsilon(1-\varepsilon)}\frac{2T+1}{(1+T)^2}\right] \quad (\text{付 4})$$

ここで，$\varepsilon = w/T$ である．入射電子と軌道電子は区別できないので，エネルギーの大きい方を一次電子，小さい方を二次電子とみなす．したがって w の最大値は $T/2$ になる．カットオフ Δ より大きいエネルギーを持った二次電子を生成する全断面積 σ は，上の $d\sigma/dw$ を $[\Delta, T/2]$ の範囲で w について積分すれば得られる．

$$\sigma = \frac{2\pi Z r_e^2}{T\beta^2}\left[\frac{T}{\Delta} - \frac{T}{T-\Delta} + \frac{T^2}{(1+T)^2}\left(\frac{1}{2} - \frac{\Delta}{T}\right) - \frac{2T+1}{(1+T)^2}\ln\frac{T-\Delta}{\Delta}\right] \quad (\text{付 5})$$

3．陽電子-電子非弾性散乱（Bhabha散乱）断面積公式

陽電子と軌道電子との非弾性衝突を Bhabha 散乱という．Bhabha 散乱の w についての微分断面積は，

$$\frac{d\sigma}{dw} = \frac{2\pi Z r_e^2}{T^2}\left[\frac{1}{\varepsilon}\left(\frac{1}{\varepsilon\beta^2} - B_1\right) + B_2 + \varepsilon(\varepsilon B_4 - B_3)\right] \quad (\text{付 6})$$

ここで，

$y = \dfrac{1}{2+T}$

$B_1 = 2 - y^2$

$B_2 = (1-2y)(3+y^2)$

$B_4 = (1-2y)^3$

$B_3 = B_4 + (1-2y)^3$

で与えられる．この場合，電子の最大エネルギーは T になる．カットオフ Δ より大きいエネルギーを持った二次電子を生成する全断面積 σ は，上の $d\sigma/dw$ を $[\Delta, T]$ の範囲で w について積分すれば得られる．

$$\sigma = \frac{2\pi Z r_\mathrm{e}^2}{T}\left[\frac{1}{\beta^2}\left(\frac{T}{\Delta}-1\right)-B_1\ln\frac{T}{\Delta}+B_2\left(1-\frac{\Delta}{T}\right)+\left(\frac{B_4}{3}-\frac{B_3}{2}\right)-\frac{\Delta^2}{T^2}\left(\frac{B_4}{3}\frac{\Delta}{T}-\frac{B_3}{2}\right)\right] \tag{付7}$$

4．インフライト陽電子消滅断面積公式

陽電子は静止間際に電子と合体して，2本の 511 keV 消滅光子 annihilation quanta を反対方向に放出することはよく知られているが，十分速く走っているときでも消滅光子を放出する確率がある．これを in-flight（飛行中）消滅という．一方の光子エネルギーを k とする．k についての微分断面積は，

$$\frac{\mathrm{d}\sigma}{\mathrm{d}k}=S_1(k)+S_1(A-k) \tag{付8}$$

ここで，

$E = T + 1$

$A = E + 1$

$p = \sqrt{E^2-1}$

$S_1(\mathrm{x}) = C_1\left[-1+\frac{C_2-1/x}{x}\right]$

$C_1 = \dfrac{\pi Z r_\mathrm{e}^2}{AT}$

$C_2 = A + \dfrac{2E}{A}$

で与えられる．他方の消滅光子エネルギーは，mc^2 単位で $T+2-k$ になる．全断面積は，

$$\sigma = \frac{\pi Z r_\mathrm{e}^2}{E+1}\left[\frac{E^2+4E+1}{p^2}\ln(E+p)-\frac{E+3}{p}\right] \tag{付9}$$

となる．

5．陽子衝撃による二次電子放出の微分断面積公式

数 MeV 以下の低エネルギー陽子の衝撃によって生成される二次電子のエネルギースペクトルは，Rudd によって導かれた経験的モデルを用いて計算でき

る．原子あるいは分子の1つの軌道に対して，

$$\frac{d\sigma}{d\varepsilon} = \frac{S}{B} \frac{F_1 + F_2 w}{(1+w)^3 \{1 + \exp[\alpha(w-w_c)/v]\}} \quad (\text{付} 10)$$

$$F_1(v) = L_1 + H_1$$

$$L_1 = \frac{C_1 v^{D_1}}{1 + E_1 v^{D_1+4}}, \quad H_1 = \frac{A_1 \ln(1+v^2)}{v^2 + B_1/v^2}$$

$$F_2(v) = \frac{L_2 H_2}{L_2 + H_2}$$

$$L_2 = C_2 v^{D_2}, \quad H_2 = \frac{A_2}{v^2} + \frac{B_2}{v^4}$$

ここで，

$T =$ 陽子の運動エネルギー

$\varepsilon =$ 二次電子エネルギー

$B =$ 軌道の束縛エネルギー

$\lambda = m_p/m_e = 1836$

$a_0 = 0.529 \times 10^{-8}$ cm

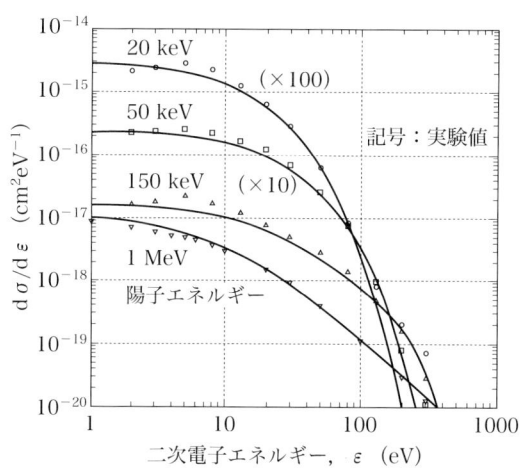

付図 1. 陽子衝撃によって生成される二次電子エネルギースペクトル

$N=$ 軌道内の電子数
$R=13.6\,\mathrm{eV}$

これらを用いて,

$$w=\varepsilon/B,\quad v=(T/\lambda B)^{1/2},\quad w_\mathrm{c}=4v^2-2v-R/4B,\quad S=4\pi a_0^2 N(R/B)^2$$

と表わされる．二次電子エネルギースペクトルの実験値に合うようにパラメータを決定する．水（気相）についてのフィッティングパラメータは,

$A_1=0.97 \qquad B_1=82 \qquad C_1=0.40 \qquad D_1=-0.30 \qquad E_1=0.38$

$A_2=1.04 \qquad B_2=17.3 \qquad C_2=0.76 \qquad D_2=0.04 \qquad \alpha=0.64$

と与えられている．付図1にいろいろの陽子エネルギーにおける二次電子エネルギースペクトルの計算値を実験値と比較して示す．

付　表

1．おもな基本定数[8]

名称	記号	数値
真空中の光速度	c	2.99792458×10^{8} m s^{-1}
真空中の透磁率	μ_0	$1.25663706 \times 10^{-6}$ H m^{-1}
真空中の誘電率	ε_0	$8.85418782 \times 10^{-12}$ F m^{-1}
万有引力定数	G	6.67259×10^{-11} N m^2 kg^{-2}
プランク定数	h	$6.6260755 \times 10^{-34}$ J s
	$\hbar = h/2\pi$	$1.05457266 \times 10^{-34}$ J s
素電荷	e	$1.60217733 \times 10^{-19}$ C
ボーア磁子	$\mu_B = e\hbar/2m_e$	$9.2740154 \times 10^{-24}$ J T^{-1}
核磁子	$\mu_N = e\hbar/2m_p$	$5.0507866 \times 10^{-27}$ J T^{-1}
電子の質量	m_e	$9.1093897 \times 10^{-31}$ kg
陽子の質量	m_p	$1.6726231 \times 10^{-27}$ kg
中性子の質量	m_n	$1.6749286 \times 10^{-27}$ kg
電子のコンプトン波長	$\lambda_c = h/m_e c$	$2.42631058 \times 10^{-12}$ m
陽子のコンプトン波長	$\lambda_{cp} = h/m_p c$	$1.32141002 \times 10^{-15}$ m
微細構造定数	α	$7.29735308 \times 10^{-3}$
	$1/\alpha$	$1.370359895 \times 10^{2}$
ボーア半径	a	$5.29177249 \times 10^{-11}$ m
リドベルグ定数	R_∞	1.09737315×10^{7} m^{-1}
電子の比電荷	e/m_e	$1.75881962 \times 10^{11}$ C kg^{-1}
電子の古典半径	r_e	$2.81794092 \times 10^{-15}$ m
原子質量単位	m_u	$1.6605402 \times 10^{-27}$ kg
アボガドロ定数	N_A	6.0221367×10^{23} mol^{-1}
ボルツマン定数	k	1.380658×10^{-23} J K^{-1}
電子ボルト	eV	$1.60217733 \times 10^{-19}$ J
氷点の絶対温度		273.15 K
熱の仕事当量		4.186 J kcal^{-1}
1モルの気体定数	R	8.314510 J mol^{-1} K^{-1}

2. 原子量, 密度の表[1]

本表は $^{12}C=12.00000$ を基準として IUPAC（国際純正・応用化学連合）によって 1987 年勧告された原子量を示してある．密度は固体および液体（△印）は g/cm³単位, 気体（＊印）は 20°Cのときの g/1,000 cm³単位で示してある．

原子番号	元素	英語	記号	国際原子量 (1987)	密度
1	水素	hydrogen	H	1.00794±7	＊0.08374
2	ヘリウム	helium	He	4.002602±2	＊0.1663
3	リチウム	lithium	Li	6.941±2	0.534
4	ベリリウム	beryllium	Be	9.012182±3	1.857
5	ホウ素	boron	B	10.811±5	3.33
6	炭素	carbon	C	12.011	2.258 (石墨)
7	窒素	nitrogen	N	14.00674±7	＊1.1652
8	酸素	oxygen	O	15.9994±3	＊1.3315
9	フッ素	fluorine	F	18.9984032±9	＊1.59
10	ネオン	neon	Ne	20.1797±6	＊0.8386
11	ナトリウム	sodium	Na	22.989768±6	0.971
12	マグネシウム	magnesium	Mg	24.3050±6	1.741
13	アルミニウム	aluminium	Al	26.981539±5	2.69
14	ケイ素	silicon	Si	28.0855±3	2.33
15	リン	phosphorus	P	30.973762±4	1.83 (白色)
16	硫黄	sulfur	S	32.066±6	2.056
17	塩素	chlorine	Cl	35.4527±9	＊3.000
18	アルゴン	argon	Ar	39.948	＊1.663
19	カリウム	potassium	K	39.0983	0.862
20	カルシウム	calcium	Ca	40.078±4	1.554
21	スカンジウム	scandium	Sc	44.955910±9	——
22	チタン	titanium	Ti	47.88±3	4.526
23	バナジウム	vanadium	V	50.9415	5.98
24	クロム	chromium	Cr	51.9961±6	7.138
25	マンガン	manganese	Mn	54.93805	7.3
26	鉄	iron	Fe	55.847±3	7.866
27	コバルト	cobalt	Co	58.93320	8.83
28	ニッケル	nickel	Ni	58.69	8.845
29	銅	copper	Cu	63.546±3	8.929
30	亜鉛	zinc	Zn	65.39±2	7.140
31	ガリウム	gallium	Ga	69.723	5.913
32	ゲルマニウム	germanium	Ge	72.61±2	5.459
33	ヒ素	arsenic	As	74.92159±2	5.73
34	セレン	selenium	Se	78.96±3	4.82
35	臭素	bromine	Br	79.904	△3.102
36	クリプトン	krypton	Kr	83.80	＊3.481
37	ルビジウム	rubidium	Rb	85.4678±3	1.522
38	ストロンチウム	strontium	Sr	87.62	2.60
39	イットリウム	yttrium	Y	88.90585±2	4.34
40	ジルコニウム	zirconium	Zr	91.224±2	6.52

付　表　187

原子番号	元素	英語	記号	国際原子量 (1987)	密度
41	ニオブ	niobium	Nb	92.90638±2	8.56
42	モリブデン	molybdenum	Mo	95.94	10.23
43	テクネチウム	technetium	Tc	──	──
44	ルテニウム	ruthenium	Ru	101.07±2	12.304
45	ロジウム	rhodium	Rh	102.90550±3	12.41
46	パラジウム	palladium	Pd	106.42	12.03
47	銀	silver	Ag	107.8682±2	10.50
48	カドミウム	cadmium	Cd	112.411±8	8.648
49	インジウム	indium	In	114.82	7.282
50	スズ	tin	Sn	118.710±7	7.284(白色)
51	アンチモン	antimony	Sb	121.75±3	6.69
52	テルル	tellurium	Te	127.60±3	6.236
53	ヨウ素	iodine	I	126.90447±3	4.942
54	キセノン	xenon	Xe	131.29±2	*8.285
55	セシウム	cesium	Cs	132.90543±5	1.87
56	バリウム	barium	Ba	137.327±7	3.74
57	ランタン	lanthanum	La	138.9055±2	6.160
58	セリウム	cerium	Ce	140.115±4	6.77
59	プラセオジム	praseodymium	Pr	140.90765±3	6.60
60	ネオジム	neodymium	Nd	144.24±3	7.00
61	プロメチウム	promethium	Pm	──	──
62	サマリウム	samarium	Sm	150.36±3	7.7
63	ユーロピウム	europium	Eu	151.965±9	──
64	ガドリニウム	gadolinium	Gd	157.25±3	──
65	テルビウム	terbium	Tb	158.92534±3	──
66	ジスプロシウム	dysprosium	Dy	162.50±3	──
67	ホルミウム	holmium	Ho	164.93032±3	──
68	エルビウム	erbium	Er	167.26±3	4.77
69	ツリウム	thulium	Tm	168.93421±3	──
70	イッテルビウム	yetterbium	Yb	173.04±3	──
71	ルテチウム	lutetium	Lu	174.967	──
72	ハフニウム	hafnium	Hf	178.49±2	13.3
73	タンタル	tantalum	Ta	180.9479	16.64
74	タングステン	tangsten	W	183.85±3	19.24
75	レニウム	rhenium	Re	186.207	21.3
76	オスミウム	osmium	Os	190.2	19.13
77	イリジウム	iridium	Ir	192.22±3	22.65
78	白金	platinum	Pt	195.08±3	21.45
79	金	gold	Au	196.96654±3	19.29
80	水銀	mercury	Hg	200.59±3	△13.546
81	タリウム	thallium	Tl	204.3833±2	11.85
82	鉛	lead	Pb	207.2	11.34
83	ビスマス	bismuth	Bi	208.98037±3	9.80
84	ポロニウム	polonium	Po	──	──
85	アスタチン	astatine	At	──	──
86	ラドン	radon	Rn	──	*8.4
87	フランシウム	francium	Fr	──	──
88	ラジウム	radium	Ra	──	──
89	アクチニウム	actinium	Ac	──	──
90	トリウム	thorium	Th	232.0381	11.71

原子番号	元素	英語	記号	国際原子量 (1987)	密度
91	プロトアクチニウム	protactinium	Pa	231.03588±2	——
92	ウラン	uranium	U	238.0289	18.69
93	ネプツニウム	neptunium	Np		——
94	プルトニウム	plutonium	Pu		——
95	アメリシウム	americium	Am		——
96	キュリウム	curium	Cm		——
97	バークリウム	berkelium	Bk		——
98	カリホルニウム	californium	Cf		——
99	アインスタイニウム	einsteinium	Es		——
100	フェルミウム	fermium	Fm		——
101	メンデレビウム	mendelevium	Md		——
102	ノーベリウム	nobelium	No		——
103	ローレンシウム	lawrencium	Lr		——
104	ウンニルクアジウム	Unnilquadium	Unq		——
105	ウンニルペンチウム	Unnilpentium	Unp		——
106	ウンニルヘキシウム	Unnilhexium	Unh		——
107	ウンニルセプチウム	Unnilseptium	Uns		——

3．原子の基底状態の電子配置[1]

元素		エネルギー準位	K	L		M			N				O			P			Q
			1s	2s	2p	3s	3p	3d	4s	4p	4d	4f	5s	5p	5d	6s	6p	6d	7s
1	H		1																
2	He		2																
3	Li		2	1															
4	Be		2	2															
5	B		2	2	1														
6	C		2	2	2														
7	N		2	2	3														
8	O		2	2	4														
9	F		2	2	5														
10	Ne		2	2	6														
11	Na		2	2	6	1													
12	Mg		2	2	6	2													
13	Al		2	2	6	2	1												
14	Si		2	2	6	2	2												
15	P		2	2	6	2	3												
16	S		2	2	6	2	4												
17	Cl		2	2	6	2	5												
18	Ar		2	2	6	2	6												
19	K		2	2	6	2	6		1										
20	Ca		2	2	6	2	6		2										
21	Sc		2	2	6	2	6	1	2										
22	Ti		2	2	6	2	6	2	2										
23	V		2	2	6	2	6	3	2										
24	Cr		2	2	6	2	6	4	1										
25	Mn		2	2	6	2	6	5	2										
26	Fe		2	2	6	2	6	6	2										
27	Co		2	2	6	2	6	7	2										
28	Ni		2	2	6	2	6	8	2										
29	Cu		2	2	6	2	6	10	1										
30	Zn		2	2	6	2	6	10	2										
31	Ca		2	2	6	2	6	10	2	1									
32	Ge		2	2	6	2	6	10	2	2									
33	As		2	2	6	2	6	10	2	3									
34	Se		2	2	6	2	6	10	2	4									
35	Br		2	2	6	2	6	10	2	5									
36	Kr		2	2	6	2	6	10	2	6									
37	Rb		2	2	6	2	6	10	2	6			1						
38	Sr		2	2	6	2	6	10	2	6			2						
39	Y		2	2	6	2	6	10	2	6	1		2						
40	Zr		2	2	6	2	6	10	2	6	2		2						
41	Nb		2	2	6	2	6	10	2	6	4		1						
42	Mo		2	2	6	2	6	10	2	6	5		1						
43	Ma		2	2	6	2	6	10	2	6	6		1						
44	Ru		2	2	6	2	6	10	2	6	7		1						
45	Rh		2	2	6	2	6	10	2	6	8		1						
46	Pd		2	2	6	2	6	10	2	6	10								

元素		K	L		M			N				O			P			Q
	エネルギー準位	1s	2s	2p	3s	3p	3d	4s	4p	4d	4f	5s	5p	5d	6s	6p	6d	7s
47	Ag	2	2	6	2	6	10	2	6	10		1						
48	Cd	2	2	6	2	6	10	2	6	10		2						
49	In	2	2	6	2	6	10	2	6	10		2	1					
50	Sn	2	2	6	2	6	10	2	6	10		2	2					
51	Sb	2	2	6	2	6	10	2	6	10		2	3					
52	Te	2	2	6	2	6	10	2	6	10		2	4					
53	I	2	2	6	2	6	10	2	6	10		2	5					
54	X	2	2	6	2	6	10	2	6	10		2	6					
55	Cs	2	2	6	2	6	10	2	6	10		2	6		1			
56	Ba	2	2	6	2	6	10	2	6	10		2	6		2			
57	La	2	2	6	2	6	10	2	6	10		2	6	1	2			
58	Ce	2	2	6	2	6	10	2	6	10	1	2	6	1	2			
59	Pr	2	2	6	2	6	10	2	6	10	2	2	6	1	2			
60	Nd	2	2	6	2	6	10	2	6	10	3	2	6	1	2			
61	Il	2	2	6	2	6	10	2	6	10	4	2	6	1	2			
62	Sm	2	2	6	2	6	10	2	6	10	5	2	6	1	2			
63	Eu	2	2	6	2	6	10	2	6	10	6	2	6	1	2			
64	Gd	2	2	6	2	6	10	2	6	10	7	2	6	1	2			
65	Tb	2	2	6	2	6	10	2	6	10	8	2	6	1	2			
66	Dy	2	2	6	2	6	10	2	6	10	9	2	6	1	2			
67	Ho	2	2	6	2	6	10	2	6	10	10	2	6	1	2			
68	Er	2	2	6	2	6	10	2	6	10	11	2	6	1	2			
69	Tu	2	2	6	2	6	10	2	6	10	12	2	6	1	2			
70	Yb	2	2	6	2	6	10	2	6	10	13	2	6	1	2			
71	Lu	2	2	6	2	6	10	2	6	10	14	2	6	1	2			
72	Hf	2	2	6	2	6	10	2	6	10	14	2	6	2	2			
73	Ta	2	2	6	2	6	10	2	6	10	14	2	6	3	2			
74	W	2	2	6	2	6	10	2	6	10	14	2	6	4	2			
75	Re	2	2	6	2	6	10	2	6	10	14	2	6	5	2			
76	Os	2	2	6	2	6	10	2	6	10	14	2	6	6	2			
77	Ir	2	2	6	2	6	10	2	6	10	14	2	6	7	2			
78	Pt	2	2	6	2	6	10	2	6	10	14	2	6	8	2			
79	Au	2	2	6	2	6	10	2	6	10	14	2	6	10	1			
80	Hg	2	2	6	2	6	10	2	6	10	14	2	6	10	2			
81	Tl	2	2	6	2	6	10	2	6	10	14	2	6	10	2	1		
82	Pb	2	2	6	2	6	10	2	6	10	14	2	6	10	2	2		
83	Bi	2	2	6	2	6	10	2	6	10	14	2	6	10	2	3		
84	Po	2	2	6	2	6	10	2	6	10	14	2	6	10	2	4		
85	At	2	2	6	2	6	10	2	6	10	14	2	6	10	2	5		
86	Rn	2	2	6	2	6	10	2	6	10	14	2	6	10	2	6		
87	Fr	2	2	6	2	6	10	2	6	10	14	2	6	10	2	6		1
88	Ra	2	2	6	2	6	10	2	6	10	14	2	6	10	2	6		2
89	Ac	2	2	6	2	6	10	2	6	10	14	2	6	10	2	6	1	2
90	Th	2	2	6	2	6	10	2	6	10	14	2	6	10	2	6	2	2
91	Pa	2	2	6	2	6	10	2	6	10	14	2	6	10	2	6	3	2
92	U	2	2	6	2	6	10	2	6	10	14	2	6	10	2	6	4	2

4. 吸収端と特性 X 線[1]

(keV)

元素			K series				L series						
Z	記号	K_{ab}	$K\beta_2$	$K\beta_1$	$K\alpha_1$	$K\alpha_2$	$L_{I\,ab}$	$L_{II\,ab}$	$L_{III\,ab}$	$L\gamma_1$	$L\beta_2$	$L\beta_1$	$L\alpha_1$	$L\alpha_2$
6	C	0.283			0.282									
11	Na	1.08		1.067	1.041		0.055	0.034	0.034					
12	Mg	1.303		1.297	1.254		0.063	0.050	0.049					
13	Al	1.559		1.553	1.487	1.486	0.087	0.073	0.072					
14	Si	1.838		1.832	1.740	1.739	0.118	0.099	0.098					
15	P	2.142		2.136	2.015	2.014	0.153	0.129	0.128					
16	S	2.470		2.464	2.308	2.306	0.193	0.164	0.163					
17	Cl	2.819		2.815	2.622	2.621	0.238	0.203	0.202					
19	K	3.607		3.589	3.313	3.310	0.341	0.297	0.294					
20	Ca	4.038		4.012	3.691	3.688	0.399	0.352	0.349			0.344	0.341	
25	Mn	6.537		6.490	5.898	5.887	0.762	0.650	0.639			0.647	0.636	
26	Fe	7.111		7.057	6.403	6.390	0.849	0.721	0.708			0.717	0.704	
27	Co	7.709		7.649	6.930	6.915	0.929	0.794	0.779			0.790	0.775	
28	Ni	8.331	8.328	8.264	7.477	7.460	1.015	0.871	0.853			0.866	0.849	
29	Cu	8.980	8.976	8.904	8.047	8.027	1.100	0.953	0.933			0.948	0.928	
30	Zn	9.660	9.657	9.571	8.638	8.615	1.200	1.045	1.022			1.032	1.009	
47	Ag	25.517	25.454	24.942	22.162	21.988	3.810	3.528	3.352	3.519	3.348	3.151	2.984	2.978
48	Cd	26.712	26.641	26.093	23.172	22.982	4.019	3.727	3.538	3.716	3.528	3.316	3.133	3.127
50	Sn	29.190	29.106	28.483	25.270	25.042	4.464	4.157	3.928	4.131	3.904	3.662	3.444	3.435
53	I	33.164	33.016	32.292	28.610	28.315	5.190	4.856	4.559	4.800	4.507	4.220	4.937	3.926
56	Ba	37.410	37.255	36.376	32.191	31.815	5.995	5.623	5.247	5.531	5.156	4.828	4.467	4.451
73	Ta	67.400	66.999	65.210	57.524	36.270	11.676	11.130	9.876	10.892	9.649	9.341	8.145	8.087
74	W	69.508	69.090	67.233	59.310	57.973	12.090	11.535	10.198	11.283	9.959	9.670	8.396	8.333
78	Pt	78.379	80.165	75.736	66.820	65.111	13.873	13.268	11.559	12.939	11.249	11.069	9.441	9.360
79	Au	80.713	80.165	77.968	68.794	66.980	14.353	13.733	11.919	13.379	11.582	11.439	9.711	9.625
80	Hg	83.106	82.526	80.258	70.821	68.894	14.841	14.212	12.285	13.828	11.923	11.823	9.987	9.896
81	Tl	85.517	84.904	82.558	72.860	70.820	15.316	14.697	12.657	14.288	12.268	12.210	10.266	10.170
82	Pb	88.001	87.343	84.922	74.957	72.794	15.870	15.207	13.044	14.762	12.620	12.611	10.549	10.448
83	Bi	90.521	89.833	87.335	77.097	74.805	16.393	15.716	13.424	15.244	12.977	13.021	10.836	10.729
90	Th	109.630	108.671	105.592	93.334	89.942	20.460	19.688	16.296	18.977	15.620	16.200	12.966	12.808
99	U	115.591	114.549	111.289	98.428	94.648	21.753	20.043	17.163	20.163	16.425	17.218	13.613	13.438

5. いろいろな核種の存在比, 質量偏差, 壊変形式, 半減期[5)]

核　種	存在比 (%)	質量偏差 $\Delta = M - A$ (MeV)	壊変形式	半減期
^{1}n	—	8.0714	$\beta-$	12 min
^{1}H	99.985	7.289	—	—
^{2}H	0.015	13.1359	—	—
^{3}H	—	14.95	$\beta-$	12.3 y
^{3}He	0.00013	14.9313	—	—
^{4}He	99.99+	2.4248	—	—
^{6}Li	7.42	14.088	—	—
^{7}Li	92.58	14.907	—	—
^{7}Be	—	15.769	EC	53.3 d
^{10}B	19.7	12.052	—	—
^{11}C	—	10.648	$\beta+$ 99+% EC 0.2%	20.38 min
^{12}C	98.892	0	—	—
^{14}C	—	3.0198	$\beta-$	5730 y
^{14}N	99.635	2.8637	—	—
^{15}N	0.356	0.1	—	—
^{16}O	99.759	-4.7366	—	—
^{17}O	0.037	-0.808	—	—
^{22}Ne	8.82	-8.025	—	—
^{22}Na	—	-5.182	$\beta+$ 89.8% EC 10.2%	2.602 y
^{23}Na	100	-9.528	—	—
^{24}Na	—	-8.418	$\beta-$	15.0 h
^{24}Mg	78.6	-13.933	—	—
^{26}Mg	11.3	-16.214	—	—
^{26}Al	—	-12.211	$\beta+$ 81.8% EC 18.2%	7.16×10^5 y
^{26m}Al	—	-11.982	$\beta+$	6.4 s
^{32}P	—	-24.303	$\beta-$	14.29 d
^{32}S	95	-26.013	—	—
^{40}K	0.0118	-33.533	$\beta-$ 89% EC 11%	1.28×10^9 y
^{55}Fe	—	-57.474	EC	2.70 y
^{57}Co	—	-59.339	EC	270.9 d
^{60}Co	—	-61.651	$\beta-$	5.271 y
^{60}Ni	26.16	-64.471	—	—
^{90}Sr	—	-85.95	$\beta-$	29.12 y
^{99}Tc	—	-87.33	$\beta-$	2.12×10^5 y
^{99m}Tc	—	-87.18	IT	6.02 h

^{103}Rh	100	−88.014	—	—
^{103m}Rh	—	−87.974	IT	56.12 min
^{103}Pd	—	−87.46	EC	16.96 d
^{137}Cs	—	−86.9	$\beta-$	30.0 y
^{137}Ba	11.3	−88.0	—	—
^{137m}Ba	—	−87.4	IT	2.55 min
^{210}Po	—	−15.95	α	138.38 d
^{222}Rn	—	16.39	α	3.8235 d
^{226}Ra	—	23.69	α	1600 y

6. 元素の周期表 (長周期型)[16]

(1981, IUPAC $^{12}C = 12$)

族周期	1A	2A	3A	4A	5A	6A	7A	8			1B	2B	3B	4B	5B	6B	7B	0
1	1 H 1.00794																	2 He 4.00260
2	3 Li 6.941	4 Be 9.01218											5 B 10.81	6 C 12.011	7 N 14.0067	8 O 15.9994	9 F 18.998403	10 Ne 20.179
3	11 Na 22.98977	12 Mg 24.305											13 Al 26.98154	14 Si 28.0855	15 P 30.97376	16 S 32.06	17 Cl 35.453	18 Ar 39.948
4	19 K 39.0983	20 Ca 40.08	21 Sc 44.9559	22 Ti 47.88	23 V 50.9415	24 Cr 51.996	25 Mn 54.9380	26 Fe 55.847	27 Co 58.9332	28 Ni 58.69	29 Cu 63.546	30 Zn 65.38	31 Ga 69.72	32 Ge 72.59	33 As 74.9216	34 Se 78.96	35 Br 79.904	36 Kr 83.80
5	37 Rb 85.4678	38 Sr 87.62	39 Y 88.9059	40 Zr 91.22	41 Nb 92.9064	42 Mo 95.94	43 Tc (98)	44 Ru 101.07	45 Rh 102.9055	46 Pd 106.42	47 Ag 107.8682	48 Cd 112.41	49 In 114.82	50 Sn 118.69	51 Sb 121.75	52 Te 127.60	53 I 126.9045	54 Xe 131.29
6	55 Cs 132.9054	56 Ba 137.33	57 La* 138.9055	72 Hf 178.49	73 Ta 180.9479	74 W 183.85	75 Re 186.207	76 Os 190.2	77 Ir 192.22	78 Pt 195.08	79 Au 196.9665	80 Hg 200.59	81 Tl 204.383	82 Pb 207.2	83 Bi 208.9804	84 Po (209)	85 At (210)	86 Rn (222)
7	87 Fr (223)	88 Ra 226.0254	89 Ac** 227.0278															

*ランタノイド系

58 Ce 140.12	59 Pr 140.9077	60 Nd 144.24	61 Pm (145)	62 Sm 150.36	63 Eu 151.96	64 Gd 157.25	65 Tb 158.9254	66 Dy 162.50	67 Ho 164.9304	68 Er 167.26	69 Tm 168.9342	70 Yb 173.04	71 Lu 174.967

**アクチノイド系

90 Th 232.0381	91 Pa 231.0359	92 U 238.0289	93 Np 237.0482	94 Pu (244)	95 Am (243)	96 Cm (247)	97 Bk (247)	98 Cf (251)	99 Es (252)	100 Fm (257)	101 Md (258)	102 No (259)	103 Lr (260)

元素記号の上の数字は原子番号，下の数字は原子量を示す．原子量がかっこ内に入っている元素は天然に存在しない人工放射性元素．かっこ内の数値は最も寿命の長い同位体の質量数．

7．ギリシャ文字

大文字	小文字	読み
A	α	alpha
B	β	beta
Γ	γ	gamma
Δ	δ	delta
E	ε	epsilon
Z	ζ	zeta
H	η	eta
Θ	θ	theta
I	ι	iota
K	κ	kappa
Λ	λ	lamda
M	μ	mu
N	ν	nu
Ξ	ξ	xi
O	o	omicron
Π	π	pi
P	ρ	rho
Σ	σ	sigma
T	τ	tau
Υ	υ	upsiron
Φ	ϕ	phi
X	χ	chi
Ψ	ψ	psi
Ω	ω	omega

8．10の整数乗の記号

大きさ	記号	読み
10^{18}	E	exa
10^{15}	P	peta
10^{12}	T	tera
10^{9}	G	giga
10^{6}	M	mega
10^{3}	k	kilo
10^{2}	h	hecto
10^{1}	da	deca
10^{-1}	d	deci
10^{-2}	c	centi
10^{-3}	m	milli
10^{-6}	μ	micro
10^{-9}	n	nano
10^{-12}	p	pico
10^{-15}	f	femto
10^{-18}	a	atto

参考文献

全章を通して
1) 竹井 力：診療放射線技術選書2，放射線物理学．3版．南山堂，2001．
2) 西台武弘：放射線医学物理学．1版．文光堂，1997．
3) 医学物理データブック委員会編：医学物理データブック，日本医学放射線物理学会，1994．
4) Johns, H. E. and Cunningham, J. R.：The Physics of Radiology, 3rd ed., Charles C Thomas Publisher, Springfield, Illinois, 1974.
5) Turner, J. E.：Atoms, Radiation, and Radiation Protection, 2nd ed., John Wiley & Sons, New York, 1995.
6) 戸田盛和，宮島龍興編：物理学ハンドブック．17版．朝倉書店，1976．
7) 物理学辞典編集委員会編：物理学辞典．1版．培風館，1986．
8) 東京天文台編：理科年表．丸善，2000．

第1章
9) 朝永振一郎：量子力学Ⅰ，Ⅱ．2版．みすず書房，1971．
10) ゴールドスタイン著，野間 進，瀬川富士訳：古典力学．1版．吉岡書店，1963．
11) 藤城敏幸：新編物理学．1版．東京教学社，1998．

第2章
12) 長 哲二：診療放射線技術選書7，放射線計測学．3版．南山堂，1997．
13) ICRU Report 51：Quantities and Units in Radiation Protection Dosimetry. International Commission on Radiation Units and Measurements, Bethesda, Maryland, 1993.
14) ICRU Report 33：Radiation Quantities and Units. International Commission on Radiation Units and Measurements, Washington, D. C., 1980.

第3章
15) 朝永振一郎：物理学読本．2版．みすず書房，1979．
16) 小出昭一郎，兵藤申一，阿部龍蔵：物理概論．1版．裳華房，1983．

第4章
17) 野中 到編：実験物理学講座27．原子核．1版．共立出版，1972．
18) 八木浩輔：原子核物理学．1版．朝倉書店，1971．
19) メイヤー，イェンゼン著，寺沢徳雄訳：原子核の殻模型入門．1版．三省堂，1973．

第5章
20) 山崎文男編：実験物理学講座26．放射線．1版．共立出版，1973．
21) フェルミ著，小林 稔他訳：原子核物理学．改訂版．吉岡書店，1965．
22) Lederer, C. M. and Shirley, V. S. eds.：Table of Isotopes, 7th ed., John Wiley & Sons, New York, 1978.

第6章
23) Birch, R., Marshall, M. and Ardran, G. M.：Catalogue of Spectral Data for Diagnostic X-rays. Hospital Physicists' Association, London, 1979.

24) 上原周三：Koch-Motz 微分断面積公式による制動放射スペクトル及び関連する諸量の数値計算．放射線，vol. 15, No. 3, 3-23, 1989.

第7章

25) Hubbell, J. H., Veigele, Wm. J., Briggs, E. A., Brown, R. T., Cromer, D. T. and Howerton, R. J.：Atomic Form Factors, Incoherent Scattering Functions, and Photon Scattering Cross Sections. Journal of Physical and Chemical Reference Data, vol. 4, No. 3, 471-616, 1975.
26) Storm, E. and Israel, H. I.：Photon Cross Sections from 1 keV to 100 MeV for Elements $Z=1$ to $Z=100$. Nuclear Data Tables, vol. A 7, 565-681, 1970.
27) Seltzer, S. M. and Hubbell, J. H. 著，前越　久監修：光子減弱係数データブック．日本放射線技術学会出版委員会，1995.

第8章

28) ICRU Report 37：Stopping Powers for Electrons and Positrons. International Commission on Radiation Units and Measurements, Bethesda, Maryland, 1984.
29) Bethe, H. A.：Moliere's theory of multiple scattering. Physical Review, vol. 89, No. 6, 1256-1266, 1953.

第9章

30) ICRU Report 49：Stopping Powers and Ranges for Protons and Alpha Particles. International Commission on Radiation Units and Measurements, Bethesda, Maryland, 1993.
31) ICRU Report 28：Basic Aspects of High Energy Particle Interactions and Radiation Dosimetry. International Commission on Radiation Units and Measurements, Washington, D. C., 1978.

第10章

32) ICRU Report 16：Linear Energy Transfer. International Commission on Radiation Units and Measurements, Washington, D. C., 1970.
33) ICRU Report 36：Microdosimetry. International Commission on Radiation Units and Measurements, Bethesda, Maryland, 1983.
34) ICRU Report 55：Secondary Electron Spectra from Charged Particle Interactions. International Commission on Radiation Units and Measurements, Bethesda, Maryland, 1996.

第11章

35) 伏見康治編：実験物理学講座29，原子炉．1版．共立出版，1972.

第12章

36) 熊谷寛夫編：実験物理学講座28，加速器．1版．共立出版，1975.

日本語索引

あ

アインシュタイン　2
アクチニウム系列　72
圧縮履歴法　148,151
厚いターゲット　81
油拡散ポンプ　165
安定軌道　173
安定同位体　43

い

イオン対当たりの平均エネルギー　21
イベントサイズ　136
インフライト陽電子消滅断面積公式　182
位相速度　168,169
医療用電子ライナック　170
一様乱数　146
陰極　76
　──線　29,76
陰陽電子対　152

う

ウラニウム U　53
ウラニウム系列　72
薄いターゲット　79
運動学　112
運動量移行　91
運動量保存則　52

え

エネルギー移行　112
エネルギー固有値　36
エネルギー散乱断面積　100
エネルギー準位　31,36
エネルギースペクトル　146
エネルギー束　18
エネルギー損失　112
　──ストラグリング　136
　──スペクトル　114
　──の機構　108
エネルギー転移係数　108
エネルギー転移断面積　99,100
エネルギーのゆらぎ　136
エネルギー付与　146
　──の空間的分布　144
　──の頻度分布　136
エネルギーフルエンス　19,107
　──率　19,107,110
エネルギー保存則　13,59
エネルギー量子　10
永続平衡　69
液滴モデル　44

お

オージェ電子　83
遅い中性子　53,156
親核　58

か

カーマ　22,110
　──ファクタ　23
　──率　23
カットオフ　141,150,181
荷電粒子　16,112
　──平衡　23
過渡平衡　71
回折 X 線　87
回転準位　47
回転帯　47
回転楕円体　47
壊変形式　192
壊変図　59,61,63,66
壊変定数　24,67,68
外挿飛程　138
角運動量保存則　13
核 g 因子　48
核異性体　42
　──転移　63
核子　42
　──1個当たりの結合エネルギー　43
核磁気共鳴法　48
核磁子　48
核種　42
核阻止能　132,133,135
核の磁気モーメント　48
核のスピン　47
核反応　50
核半径　31
核分裂　44,53,156
　──エネルギー　55
　──の連鎖反応　54

日本語索引

——反応　44
核融合　44, 55
　　——反応　55
核力　42
殻補正　131
殻模型　45
干渉性　91
　　——散乱
　　　19, 91, 100, 102, 105, 147
　　——散乱断面積　92
換算角　124, 125
間接電離放射線　17
管電圧　78

き

キュリー (Ci)　24, 68
ギリシャ文字　195
気体反応の法則　28
軌道角運動量　47
軌道電子捕獲　84
基底状態　31, 39, 45
基本定数　185
吸収　158
　　——エネルギー　109
　　——曲線　123
　　——線量　22, 25, 141
　　——線量率　22, 110
　　——端と特性 X 線　191
吸熱反応　51
巨視的断面積
　　　104, 114, 146, 147
共鳴　168
　　——中性子　158
行列力学　35
金属の仕事関数　95

く

グラム原子　28
グラム分子　28
グレイ (Gy)　22
空中カーマ率定数　24
群速度　169

け

計算機実験　145
蛍光 X 線　108
蛍光作用　76
蛍光収量　84
結合エネルギー　43
　　——の飽和性　42, 43
結晶の構造解析　87
結晶格子　87
元素の周期表　194
原子の基底状態の電子配置
　　　　39, 189
原子核　16, 42
　　——の壊変　58
　　——反応　18, 44, 50
原子形状因子　91, 92, 93
原子構造　38
原子質量単位　42, 43
原子断面積　102, 105
原子配列面　87
原子番号　42
原子密度　106
原子量　28, 186
原子炉　18, 156
減衰法則　68

こ

コード　151
コロナ放電　166
古典電子半径　90, 124
古典力学的軌道計算法
　　　　134
固有角運動量　47
光核反応　90, 102, 104, 105
光子　10, 16, 94
　　——-相互作用の断面積
　　　　102
　　——-電子相互作用　98
光速度　169
　　——一定の原理　2
光中性子線源　157

光電吸収　90
　　——断面積　95
光電効果　10, 19, 84, 92,
　　　94, 104, 105, 108, 147
　　——の断面積　95
　　——の法則　95
光電子　92, 94, 108, 152
　　——の角度分布　96
　　——電流　92
光量子　10
　　——説　10
行路長のゆらぎ　136
後方散乱　30, 124
格子定数　87, 88
高温プラズマ　56
高周波の電場　167
高周波発振器　167
黒体　9
　　——放射　9, 10
混合型モンテカルロ法
　　　　151

さ

サイクロトロン
　　　18, 170, 171
サンプリング　152
最大エネルギー移行　114
最短波長　78
歳差運動　48
三重対生成　101
散乱角　12, 51
散乱関数　92
散乱強度　124
散乱光子の角度分布　98
散乱線　108
残留核　50, 51

し

シーベルト (Sv)　25
シミュレーション　145
シンクロサイクロトロン
　　　　172

日本語索引

シンクロトロン　18, 172
　　——放射　85
　　——放射光　87
　　——放射の強度　85
自然放射性同位元素　73
自然放射線　72
自然放射能　72
紫外線　85
自発核分裂　157
自由行程　146, 148, 154
持続的連鎖反応　156
磁気回転比　48
磁気共鳴像法　49
磁気量子数　38
磁束密度　5, 171, 173
閾エネルギー　52, 53, 101
質量エネルギー吸収係数
　　　　　20, 109, 110
質量エネルギー転移係数
　　　　　20, 23, 108, 110
質量核阻止能　132, 134
質量欠損　43
質量減弱係数
　　　　　19, 104, 105, 108
質量衝突阻止能
　　　　　117, 118, 121, 131
　　——公式　130
質量数　31, 42
質量制限衝突阻止能　141
質量阻止能　115
質量中心系　161
質量電子阻止能　118
質量偏差
　　　　　43, 53, 59, 61, 65, 192
　　——表　64
質量放射阻止能　120, 121
実験室系
　　　　　152, 153, 161, 162
実験炉　156
実効エネルギー　107
実効電圧　107
実用飛程　123
写真作用　76

遮蔽 Coulomb ポテンシャル　134
遮蔽因子　179
遮蔽効果　14, 134
遮蔽パラメータ　124
主量子数　38, 47
周期律表　39, 83
周波数変調　172
集束作用　172
集団模型　47
縮退　39
重イオン　18
重荷電粒子　112, 120
重心系　161, 162
重水　56
準安定　63
　　——核種　63
　　——状態　63, 64
正面衝突　112
消滅光子　66, 182
照射線量　23, 107
　　——率　23, 107
　　——率定数　24
衝突径数　12, 115
衝突阻止能　81, 117, 133
振動数条件　31
真空紫外　87
診断用 X 線　79, 106

す

スケーリング則　132
スピン　39, 47
　　——軌道結合ポテンシャル　45
　　——軌道結合力　47
スペクトル　29
水素イオン　165
水素原子の質量　43
水素原子のスペクトル
　　　　　29, 33
水素原子の半径　32

せ

生成核種数　163
生成核種の放射能　163
生成率　163
生物学的効果　114
　　——比　25
制御された核融合　56
制御された連鎖反応　55
制限質量阻止能　142, 143
制限線衝突阻止能　21
制限阻止能　141
制限放射阻止能　143
制動光子　79, 179
制動放射
　　　　　76, 108, 112, 152, 179
　　——線　108
　　——の効率　121
静止エネルギー　4
静止質量　2, 4
絶縁ベルト　166
尖頭電圧　107
線エネルギー付与
　　　　　21, 25, 114, 143
線形（直線）加速器　167
線減弱係数
　　　　　104, 105, 106, 114, 146
線質係数　25
線衝突阻止能　20, 118
線スペクトル　61
線制限衝突阻止能　141
線阻止能　114, 115
線放射阻止能　20
線量測定　99
線量当量　25
全エネルギー損失　116
全角運動量　47
全巨視的断面積　147
全原子断面積　106
全質量エネルギー転移係数
　　　　　109
全質量阻止能　20, 81, 121
全線阻止能　20

日本語索引

全断面積　12, 51, 146
全放射エネルギー　86
前期量子論　33

そ

阻止数　131
阻止電圧　92, 94
阻止能　112, 114, 136, 141
　──公式　115, 117
素粒子　16
双曲線軌道　12
相互作用系　153
相互作用断面積　11
相対性原理　2
即発中性子　54
束縛エネルギー　95
速中性子　158
存在比　192

た

タングステン　76
　──ターゲット　81
タンデム型 Van de Graaff
　装置　167
多重散乱　109, 124, 134
　──角分布　126
　──パラメータ　125
太陽系模型　31
対陰極　76
対称的な Gauss 型　137
第1半価層　107
第2半価層　107
断面積　11, 19, 51
弾性散乱　50, 112, 148, 158
　──断面積　133
弾性衝突　114

ち

治療用 X 線　79
遅発中性子　54
中性原子の質量　43

中性子　18, 42, 156
　──吸収　163
　───陽子散乱
　　　　　　　160, 161
中性水素原子　147
中速中性子　158
長寿命状態　63
直接電離放射線　16
直接反応　50
直線型加速器　17
直流高電圧発生器　165
貯蔵リング　87

つ

対生成　101
冷たい中性子　158

て

ディー　171
ディスクリートイベント
　　　　　　　151
ディスクリート過程
　　　　　　　150, 151
デフレクション・チューブ
　　　　　　　176
低エネルギー陽子の衝撃
　　　　　　　182
低速中性子　158
定常状態　31
定比例の法則　28
天然放射性核種　73
転移エネルギー　109
転換係数　64
転換電子　63
電荷交換　147
　──過程
　　　130, 132, 147, 148
電気4重極モーメント　47
電気素量　2
電子光子輸送コード　151
電子銃　173

電子シンクロトロン
　　　　　　　85, 87, 172
電子線　18
電子損失　147, 148
電子多重散乱理論　152
電子対生成
　　　19, 90, 104, 105, 109, 147
電子-電子相互作用　120
電子-電子非弾性散乱　150
　──(Møller 散乱) 断面
　　積公式　180
電子の角運動量　32
電子の実験的な発見　30
電子の反跳角　98
電子波　33
電子配置　39, 45
電子飛程　122
電子平衡　110
電子捕獲
　　　64, 65, 66, 147, 148
電子捕獲の Q 値　66
電子ボルト　2
電子-陽電子対　101
電子ライナック　168
電磁波　6, 7
電束密度　5
電波加速空洞　172
電波領域　85
電離　148
　──作用　76
　──箱　138
　──電流　138
　──放射線　16

と

トリウム系列　72
トリチウム　55
トンネル効果　58
　──理論　59
ドーナツ　172
透過作用　76
透過率　59
透磁率　6

等速円運動　32
同位核　42
同位元素　42
同位体　42
同重核　42
同中性子核　42
導波管　169
特殊相対性理論　2
特性X線　65, 81, 108

な

ナノシドメトリ　141
ナローピーム　105, 107
内殻　108
　　――空席　84
内部転換　60, 63, 64, 84
　　――係数　63
　　――電子　60, 61, 64
軟成分　143

に

ニュートリノ　60, 64, 65
二次電子　140, 143, 152, 181, 182
入射フルエンス　107
入射粒子　50

ね

ネプチニウム系列　72
熱核反応　56
熱中性子　158
熱放射　8

は

バーン　51
波数ベクトル　35
波長スペクトル　86
波動関数　36
波動性　10, 34
波動方程式　7, 35

波動力学　35
倍数比例の法則　28
発熱反応　51
速い中性子　53
反射の次数　88
反跳運動量　91
反跳エネルギー　132, 133
反跳荷電粒子　114
反跳電子　99
反ニュートリノ　60
反応のQ値　51
反応の閾エネルギー　51
反粒子　60
半価層　107
　　――測定　107
半減期　60, 67, 68, 157, 192
半古典的理論　115
半実験的質量公式　45

ひ

ピーク電圧　78
ピーラー　173
比電荷　30
比放射能　68
非荷電粒子　16
非干渉散乱関数　93, 100
非干渉性散乱　92, 100, 102, 147
　　――断面積　100
非光学的遷移　83
非弾性　158
　　――散乱　50
　　――衝突　114
非平衡　71
飛行中に消滅　102
飛行中陽電子消滅　150
飛行中陽電子消滅光子　150
飛跡　112, 140
飛程　122
　　――ストラグリング　136, 138
　　――のゆらぎ　138

被曝線量　72
微細構造定数　120
微視的線量概念　141
微視的線量測定 microdosimetry　22
微視的飛跡　145
　　――構造コード　144
微分断面積　11, 12, 51, 90, 120
光の粒子性　97
表面振動　47
標準状態の理想気体　28
標的核　50, 51

ふ

フィルタ　79, 107
フルエンス率　107
不確定性原理　34
不整磁場コイル　173
付与エネルギー　21
負β粒子　60
部分断面積　51, 147
部分的巨視的断面積　148
複合核反応　50
物質波　33
分裂生成物　53

へ

ベータトロン　18, 77, 173
　　――条件　173
　　――の平衡軌道　173
ベクレル（Bq）　24, 66
ベルト起電機　166
ペレトロン　167
平均エネルギー損失　114
平均カーマ率　110
平均自由行程　109
平均反跳エネルギー　100
平均飛程　138
平均励起エネルギー　117, 118, 131
平面波　6

閉殻 45, 47
　——構造 39

ほ

ポジトロニウム 101
ポジトロン 65
　——・エミッタ 66
　——放出 65
捕獲 158
　——断面積 159
方位角方向 101
方位量子数 38
方向余弦 153
放射エネルギー 18
　——損失断面積 120
放射光 17, 85
放射収量 121
放射性壊変 43
放射性核種 18, 63
　——の壊変率 66
　——の平均寿命 68
放射性中性子線源 156
放射性同位元素 42, 62
放射性同位体 43
放射線 16
　——化学収率 21
　——防護 25
放射阻止能 81, 118
放射損失 112
放射能 24, 42, 66, 67
　——の単位 66
放出粒子の角度分布 146
飽和放射能 163

ま

マイクロドシメトリ 141
マイクロトロン 18, 174
　——加速条件 175
魔法数 45

み

密度 186
密度効果 117
　——の補正 131

む

娘核 58

も

モズリー 83
モル 28
モンテカルロ計算 136
モンテカルロシミュレーション 112, 140
モンテカルロ法 144, 145

ゆ

輸送現象 145
有効電荷パラメータ 130
誘電率 6
誘導電場 173

よ

"良い"散乱配置 105
陽極 76
陽子 42
　——コード 144
　——衝撃による二次電子の微分断面積公式 182
　——とα粒子の飛程 135
　——の弾性散乱全断面積 134
　——ライナック 167, 168
陽電子 65
　——電子非弾性散乱 150
　——(Bhabha散乱)断面積公式 181

ら

ライナック 18, 77, 167
ラド (rad) 22
ラドン 72
乱数 145

り

離散的エネルギー 59
力学的保存則 113
(粒子)フルエンス 18
　——率 19
粒子加速器 156
粒子数 18
粒子性 10, 34
(粒子)束 18
量子 94
　——条件 32
　——数 32
　——力学 35, 59
臨界 156
　——エネルギー 127

る

累積確率分布関数 146

れ

レム (rem) 25
レントゲン (R) 23, 76
励起 148
　——準位 47
　——状態 31
　——状態の寿命 63
連鎖反応 54
連続X線スペクトル 78
連続減速近似 122, 135
連続スペクトル 61
　——分布 85
連続阻止能 150
連続的減速過程 151

外国語索引

A

(α, n) 線源　157
α 壊変　59,62
α 線　16,30,58
α 遷移確率　60
α 粒子の角度分布　31
α 粒子の散乱　11
α 粒子の飛程　60
α 粒子の物質透過　30
A. Bohr　47
absorbed dose rate　22
activity　24,66
air kerma-rate constant　24
Alvarez 型　167
Ampere-Maxwell の法則　5
annihilation photon　66
annihilation quanta　182
anode　76
Auger エミッタ　85
Auger カスケード　84
Auger 過程　83
Auger 効果　83
Auger 治療法　84
Auger 電子　65,108
AVF サイクロトロン　172
Avogadro　28
　——数　28,106

B

β^+壊変　65,66
β エミッタ　61
β 壊変　62
β 線　16,18,30
β^-壊変　60
Balmer　29
　——系列　33
Barkas 補正　131
Bethe　45,117,124,130
　——Heitler　101
　——公式　130
Bhabha 散乱　150,181
Bloch 補正　131
Bohr　29,31,115,117
　——Mottelson 理論　47
　——磁子　48
　——の衝突阻止能式　132
　——の振動数条件　33
　——の半古典的阻止能公式　116
　——の量子論　33
　——の理論　31
　——半径　32
Boltzmann　9
　——定数　10,158
Born　37
Bq　67
Bragg 曲線　138
Bragg の反射の条件　88
Bragg ピーク　132,138,147
bremsstrahlung　76

C

cathode　76
Cerenkov 光　127
Cerenkov 放射　126,127
Cf-254，252　18
Chadwick　42,156
Ci　68
closed shell　45
Cockcroft　165
　——-Walton の装置　165
　——-Walton 型高電圧回路　165
cold　158
collective model　47
Compton　10,96
　——edge　99
　——効果　10,19,97,104,105
　——散乱　90,98
　——散乱光子　152
　——衝突断面積　100
　——反跳電子　152
condensed history technique　148
continuous slowing down approximation　122
contraction　173
Coolidge 管　76
Coulomb 場　120
　——障壁　53
　——ポテンシャル　58
　——力　14,31,32
Crookes　76
cross section　19,51
csda　122,135
　——飛程　122,135

D

δ 線 140, 143, 181
Dalton 28
　——の原子論 28
Davisson 34
de Broglie 33
　——の関係 34
　——波 33
　——波長 34, 116
decay constant 24
Dee 171
dose equivalent 25
Duane-Hunt の式 78

E

EC 64, 66
EGS 151
Einstein 2, 10, 94, 95
　——の関係式 43
electron capture 64
Electron Gamma Shower (EGS) 151
electron volt 2
Elwert 補正因子 179
energy fluence 19
　——rate 19
energy flux 18
energy imparted 21
eV 2
expansion 173
exposure 23
　——rate 23
　——rate constant 24

F

Faraday の法則 5
fast 158
Fermi (フェルミ) 61, 156
FM サイクロトロン 172
Franck 33

Frish 53

G

(γ, n) 反応 104, 157
(γ, p) 反応 104
γ 線 16, 18, 30
　——遷移 60
　——分光学 99
　——分光の技術 63
γ 放射 62
Gamow 59
Gauss の法則 5
Gauss 分布 136
Gay-Lussac 28
Geiger 30
　——-Nuttall の経験則 60
Germer 34
Gurney-Condon 59
G 値 21

H

Hahn 53, 156
Heisenberg 34, 35
Hertz 33
Hubbell 92
HVL 107

I

ICRU 18, 25, 120, 130
　——レポート 117, 143
In-flight (飛行中) 消滅 182
intermediate 158
Ising 167
isobar 42
isomer 42
isomeric transition 63
isotone 42
isotope 42
IT 63

J

J. J. Thomson 29
Jeans 9
Jensen 45

K

Kepler の問題 12
kerma 22
　——rate 23
Kerst 173
Klein-Nishina 散乱断面積 99
　——断面積 100
　——の式 98
Koch-Motz 断面積公式 179
　——微分断面積公式 79
K 電子吸収端 95

L

Laplace 演算子 35
Larmor 周波数 48
Lawrence 167, 170
LE 25
LET (linear energy transfer) 21, 25, 114, 143
linac 167
lineal energy 22
liquid drop model 44
Lorentz 係数 3
　——変換 4
　——力 85
Lyman 系列 33

M

Mϕller 散乱 150, 181
magic number 45
Marsden 30

外国語索引

mass attenuation coefficient 19
mass energy absorption coefficient 20
――― transfer coefficient 20
Maxwell-Boltzmann 分布 157
Maxwell の電磁方程式 5
Maxwell 方程式 6
Mayer 45
Meitner 53
Moliere 124
――― の公式 123
――― の多重散乱理論 124
――― 理論 126
Moseley 83
――― の法則 83
Mottelson 47
MRI 49

N

Newton の運動方程式 4
NMR 48

P

$\pi/2$ モード 170
(particle) fluence 18
――― rate 19
(particle) flux 18
particle number 18
Paschen 系列 33
Pauli の排他律 39
Planck 定数 10
Planck の放射式 10
Planck の量子仮説 10
Purcell 48

Q, R

Q 値 104

radiant energy 18
radiation chemical yield 21
Rayleigh 9
――― -Jeans の式 10
――― 散乱 90, 91, 92
relative biological effectiveness (RBE) 25
resonance 158
restricted linear collision stopping power 21
Röntgen 76
Rudd 182
Rutherford 11, 30, 50
――― 散乱 12, 14, 112
――― 断面積 133
――― の原子模型 31
――― の散乱公式 31
――― 模型 31
Rydberg 定数 29, 33

S

Schrödinger 35
――― の波動方程式 36
――― 方程式 35, 36
shell model 45
skewed (ゆがんだ) Gaussian 137
Sloan 167
slow 158
specific energy 22
SR 85
Stefan 9
Stefan-Boltzmann の法則 9
Storm-Israel 102
Strassmann 53, 156

T

thermal 158
Thomson 散乱 90
Thomson 断面積 98

TM_{01} 波 169
total mass stopping power 20
transverse magnetic wave 169

U, V

^{235}U 53
^{238}U 53
Van de Graaff 166
――― 装置 166
Veksler 174
von Laue 83
$1/v$ 法則 159

W

Walton 165
Weizäcker 45
Wideroe 167, 173
Wien の変位則 9
W 値 21

X

X 線 17, 76
――― 管 76, 77
――― 管球 17
――― 強度の角度分布 77
――― の角度分布 77
――― の減弱実験 91
――― の線質 107
――― の取り出し方向 77
――― の発見 76
――― (の) 発生効率 76, 77
――― 発生装置 76, 107
――― 領域 85

Z

Zeeman 効果 38
――― 分岐 48

診療放射線技術選書

放射線物理学　　　　　　　　　　© 2002

定価（本体2,800円＋税）

1971年6月10日　1版1刷
1994年2月15日　3版1刷
2001年3月30日　　3刷
2002年3月15日　4版1刷

著　者　　上原　周三
　　　　　　うえはら　しゅうぞう

発行者　　株式会社　南　山　堂

代表者　鈴木　肇

〒113-0034　東京都文京区湯島4丁目1−11
Tel 編集 (03)5689-7850・営業 (03)5689-7855
振替口座　00110-5-6338

ISBN 4-525-27824-2　　　　　　Printed in Japan

本書の内容の一部，あるいは全部を無断で複写複製
することは（複写機などいかなる方法によっても），
法律で認められた場合を除き，著作者および出版社
の権利の侵害となりますので，ご注意ください．